"海上科普讲坛"丛书　　总主编　樊春海　　执行总主编　王丽华

U0270172

万物生辉

未来时空的科技前沿

上海市科学技术普及志愿者协会

九三学社上海市委科普工作委员会

组编

樊春海

主编

上海交通大学出版社
SHANGHAI JIAO TONG UNIVERSITY PRESS

内容提要

　　本书以"海上科普讲坛"为基础，以通俗易懂的方式，讲述了天文、物理、化学、生物、医学健康、人工智能、新型材料等多个学科领域的科技研究成果及进展。本书邀请了各领域的多位知名专家，从科研一线向读者传播前沿的科学知识和科学思想，从微观世界到宏观宇宙，从细胞奥秘到星河璀璨，让读者充分感受科学技术是如何改变这个世界，改变我们的生活的。随着国家对科普事业的高度重视，崇尚科学的理念逐渐深入人心，本书既是一本科普性读物，满足广大读者的关注；也是对科研人员的一种呼吁，希望更多的科研人员加入科普工作中，共同提高公民科学素质。

图书在版编目(CIP)数据

　　万物生辉:未来时空的科技前沿/樊春海主编.
上海:上海交通大学出版社,2024.8 (2025.4 重印)　—ISBN 978 - 7 - 313 - 31146 - 7

　Ⅰ.N49

　　中国国家版本馆 CIP 数据核字第 2024ZN9242 号

万物生辉:未来时空的科技前沿
WANWU SHENG HUI：WEILAI SHIKONG DE KEJI QIANYAN

主　　编：樊春海
出版发行：上海交通大学出版社　　　　　地　　址：上海市番禺路 951 号
邮政编码：200030　　　　　　　　　　　电　　话：021 - 64071208
印　　制：上海盛通时代印刷有限公司　　经　　销：全国新华书店
开　　本：710mm×1000mm　1/16　　　印　　张：16.25
字　　数：194 千字
版　　次：2024 年 8 月第 1 版　　　　　　印　　次：2025 年 4 月第 4 次印刷
书　　号：ISBN 978 - 7 - 313 - 31146 - 7
定　　价：88.00 元

"海上科普讲坛"丛书
顾问委员会

主　任
钱　锋

副主任
樊春海

委　员
（按姓氏拼音排序）

抓住新科技革命先机，
为推进高质量科普持续发力

——"海上科普讲坛"丛书序

钱　锋

习近平总书记在 2024 年全国科技大会、国家科学技术奖励大会和两院院士大会上发表重要讲话强调："科技兴则民族兴，科技强则国家强。"中国式现代化要靠科技现代化作支撑，实现高质量发展要靠科技创新培育新动能。必须充分认识科技的战略先导地位和根本支撑作用，锚定 2035 年建成科技强国的战略目标，加强顶层设计和统筹谋划，加快实现高水平科技自立自强。

当今世界科技发展日新月异，新一轮科技革命和产业变革深度融合、加速演进，深刻重塑全球秩序和发展格局。进入新时代以来，我国科技创新的广度、深度、精度和速度都实现了质的飞跃。但是我们依然清醒地认识到，在高精尖科技领域，与发达国家相比，我们仍然存在着一些短板和弱项。究其原因，是创新思维、创新能力上还与发达国家存在着差距。党的二十大报告指出，全面建设社会主义现代化国家，"必须坚持科技是第一生产力"，要加快建设科技强国。要实现这一目标，亟须提高全民科学素质，更呼唤高质量的科普供给。

在知识经济时代，一个国家的创新水平越来越依赖于全民科学素质的普遍提高，一个国家的科普水平对国家的创造力和软实力的影响日益增加。换言之，如果没有全民科学素质的普遍提高，就难以建立起宏大的高素质创新大军，高水平科技创新和成果转化也就成了无源之水。科学普及就像一根神奇的杠杆，能让更多人了解科技、热爱科技、投身科技，撬动起源源不断的创新活力和发展动力。为加快建成科技强国，我们要深入践行科学家精神，以高水平的专业水准和高质量的科学普及，把杠杆的支点做稳做实。

为进一步推进上海科普工作高质量发展，我在担任上海市科学技术普及志愿者协会理事长期间，倡议成立了"院士专家科学诠释者"指导团。在樊春海院士接过协会理事长的接力棒之后，他进一步推动指导团建设，聚集了一批上海地区的知名科学、科普专家，形成了由 60 余位院士担任顾问，300 余位资深专家、青年专家共同组成的强大科普队伍，可以说这在上海科技界和科普界是开风气之先。

一直以来，指导团专家们致力于支持科学传播和科普事业，以守正创新的思维、精湛深厚的专业知识、热情生动的讲解方式，大力诠释科学技术新知识、新政策、新策略。指导团在赋能科普和助力科技创新中发挥了重要作用，为长三角地区的科学传播、科普服务等工作提供了新思路、开辟了新赛道。

2022 年 6 月，"院士专家科学诠释者"指导团依托上海市科学技术普及志愿者协会和九三学社上海市委科普工作委员会创办了"海上科普讲坛"，在九三学社中央科普工作委员会和中国科学院上海分院的大力支持下，集聚了更多在沪的自然科学、工程科技和临床医疗界一流学术专家和科普传播专家，面向社会开展了一系列集科学性、前瞻性、开放性、公益性于一体的科普活动。"海上科普讲坛"坚持线上直播，普惠各类人群，还与上海中学、浦东图书馆和上海自然博物馆等多家单位联合开展线上线下相结合的直播科普活动，拓展与社会媒体的合作，不断扩大科学传播的覆盖面和社会影响力。截至2024年6月，已成功举办100场科普报告，300多位一线科技专家结合他们在实验室、讲台、试验台、手术间获得的最新研究成果，以生动可感的方式向公众解读创新点，讲述科学发现、科技发明背后的故事，帮助更多民众，尤其是中小学生亲近科学、走近科学，线上线下受众突破千万人次。

如今，上海市科学技术普及志愿者协会又联手九三学社热衷于科普工作的同道，推出"海上科普讲坛"丛书，这是"海上科普讲坛"科普理念的再传播，科普成果的再集结，社会效应的再放大，可喜可贺！

一个民族热爱科学的程度，决定了其发展的高度。全民科学素质的提升，是国家发展的基石，是民族复兴的希望。当前，世界百年未有之大变局加速演进，围绕科技制高点的竞争空前激烈。把握发展机遇的关键在科技创新，核心在科技自立自强，而科学普及工作则是自立自强的根基所在。2016年，习近平总书记在全国科技创新大会、两院院士大会、中国科协第九次全国代表大会上指出，"科技创新、科学普及是实现创新发展的两翼，要把科学普及放在与科技创新同等重要的位置"。习近平总书记的"两翼理论"进一步丰富、发展和深化了对科普支撑创新发展的理论认识，为新时代国家创新发展指明了方向，更为推动科普工作高质量发展提供了根本遵循。

希望"海上科普讲坛"以丛书出版为新起点，团结和汇聚更多科技工作者、科普工作者，以梦为马、砥行致远，贡献更多高质量科普内容，让科学的光芒照亮每一个角落，让创新的力量在全社会涌动，为实现高水平科技自立自强筑牢根基，为中华民族伟大复兴提供坚实支撑。

谨此，是为序。

（钱锋，中国工程院院士、华东理工大学教授，全国政协常委、上海市政协副主席，九三学社上海市委主委；上海市科学技术普及志愿者协会院士专家科学诠释者指导团团长；"海上科普讲坛"丛书顾问委员会主任）

落实"两个同等重要", 沪上奏响"科普集结号"

——"海上科普讲坛"丛书序

丁奎岭

上海近代以来的文明进步、社会发展很大程度上受惠于科学革命和科学精神的滋养。作为近代中国科学的发祥地和现代中国科学风云际会地,上海既是当今科技创新的热土,也是科学普及和科技传播的沃土。这里孕育了中国最早的综合性科学团体——中国科学社(1915 年),中文文献中首次创用"科学精神"一词也始见于上海出版的《科学》杂志(1916 年);无论是在救亡图存、助中华崛起的新民主主义革命年代,还是在重振旗鼓的改革开放年代,一大批科学家在上海这片土地上创造了一个个无愧前人的科学奇迹,凝结成了具有鲜明时代、地域特征的科学精神。

进入新时代,特别是自 2016 年全国"科技三会"上习近平总书记作出"科技创新、科学普及是实现创新发展的两翼,要把科学普及放在与科技创新同等重要的位置"这一在中国科技、科普发展史上具有里程碑意义的"两个同等重要"论断以来,科技界、科普界的面貌为之一变。从上海来看,2019 年上半年,上海率先在科技三大奖之外单设科学普及奖；2023年起，上海又在科学研究领域的高级职称序列中为科技传播方向专设通道，已有几十位在科普创作和科技传播方面取得出色成绩的科技工作者获得科技传播方向的高级技术职称。2022年9月4日，中共中央办公厅、国务院办公厅发布《关于新时代进一步加强科学技术普及工作的意见》，从加强全社会科普责任、加强科普能力建设、加强制度保障等各个方面为进一步深化落实科学普及与科技创新同等重要的指导思想做出具体安排。国家最高层对科学普及作用给予的定位及采取的一系列举措让科普这个"老课题"正在焕发新的生机。在此大背景下，向来有着"科普重镇"称誉的上海再次做成了一件"领风气之先"的科普大事。

在上海市科学技术委员会、上海市科学技术协会指导下，上海市科学技术普及志愿者协会院士专家科学诠释者指导团、九三学社中央科普工作委员会和九三学社上海市委科普工作委员会联合创办了"海上科普讲坛"。于2022年6月由樊春海院士提出并运行至今的"海上科普讲坛"实际上是集全上海科学界、科普界之力，共同打造的一个集科学性、前瞻性、开放性、公益性于一体的科普平台。"海上科普讲坛"面向中学、大学及以上群体和社会大众，邀请相关领域科学家，围绕百姓关心的生物医药、生命健康、生态环保、智能科技等科技、社会热点问题，以"主题演讲＋观众互动问答"等形式，为社会公众搭建起与科学家交流的桥梁。

在上海市科学技术普及志愿者协会院士专家科学诠释者指导团团长钱锋院士和执行团长樊春海院士的倾力推动下，已有300多位来自基础科学前沿、临床医疗、工程科技、科学传播领域的科学家登上这一讲坛，他们带来的百余场兼具前沿、新颖、权威、生动、趣味性的科普报告，通过各种媒介的传播，在上海乃至全国带起了弘扬科学思想、科学精神和科学文化的科普"旋风"。讲坛的点击率和阅读量已破千万，成为上海乃至长三角地区参与活动的科学家人数、持续时间、社会关注度屡屡打破纪录的科普传播平台。

我曾在多种场合讲过这样一段话：今天的中国处在科技发展最好的时期，今天的中国是做科学研究最好的地方，今天的中国是对科技创新需求最强烈的国家。这里我想补充一句话：今天的中国也处在顺应这个伟大时代要求，大力推进高质量科普的最好时期。在 2022 年上海科技传播大会上，我曾讲过小时候经历的一个故事。我读小学的时候，广播里天天播报"原子弹研制成功、人造地球卫星上天、人工合成牛胰岛素"这些当时我国引以为豪的科技成果。后来我学了化学，进入化学研究之门，知道这些伟大成果的背后都离不开化学家的贡献。回想起来自己心中播下了爱科学、学科学的种子，就是得益于科学普及和科学传播的作用。2024 年，我有机会继续参演科普微电影《无处不在的氟——有机师姐Ⅱ》，还参与拍摄《化学总动员》系列科普动画片，以动画技术展示化学的魅力。作为一个化学家，参与科普的插曲使我对科普的作用，特别是对高质量科普的价值有了更直接的感受。

2024 年的上海科技节上海科技传播大会上，在接受媒体访问时我也就科技创新与科学传播的相互关系打了个比方："如果说科技创新是拓展人类认知的火车头，科技传播就是汇聚人才和资源的火车身，是不可或缺的支撑点。也正是科技传播让社会大众投身科技事业，让科技创新的火车头越跑越快。"这套"海上科普讲坛"丛书也可以印证以上的比喻。这个讲坛的报告人基本上都是在科创一线的科学家，他们把最新的科技进展做了尽可能科普化的表达，又在科普编辑团队的专业支持下，将科普报告加工成可读性更强、传播更广的科普作品，这是科学家和科普工作者协力酿就之作。

希望双方持续努力，将"海上科普讲坛"上发出的科学声音持续、高质量地传播出去，取得更好、更持久的社会效益和影响力。也希望经由"海上科普讲坛"吹响的"科普集结号"能远播四方。

（丁奎岭，中国科学院院士、上海交通大学校长，"海上科普讲坛"丛书编委会主任）

目录 ▾▾▾

目录

Content

书写 DNA：信息技术与生物技术交融迸发的无限潜力

樊春海

　　樊春海，中国科学院院士，南京大学学士、博士，美国加利福尼亚大学圣巴巴拉分校博士后；2004—2018 年任中国科学院上海应用物理研究所研究员，2018 年起任上海交通大学化学化工学院教授，现任上海交通大学化学化工学院院长、上海交通大学转化医学研究院执行院长、国家转化医学科学中心唐仲英首席科学家、上海交通大学王宽诚讲席教授、新基石研究员；兼任美国化学会《美国化学会志 Au》（*Journal of the American Chemical Society Au*）副主编，《德国应用化学》（*Angewandte Chemie*）、《化学研究述评》（*Accounts of Chemical Research*）、《美国化学学会纳米》（*American Chemical Society Nano*）等十余种国际知名杂志编委，《化学加化学》（*ChemPlusChem*）编委会共同主席；入选中国医学科学院学部委员，美国科学促进会（AAAS）、国际电化学学会（ISE）、美国医学与生物工程院（AIMBE）及英国皇家化学会（RSC）会士，已发表论文 700 余篇，自 2014 年起连续当选"全球高被引科学家"。

20 世纪末，很多人都在讨论即将到来的 21 世纪到底是信息技术（IT）的世纪，还是生物技术（BT）的世纪。现在我们已经越来越清晰地意识到，21 世纪既是信息技术也是生物技术的时代，更是两者交叉融合的时代，这种交融很有可能带来更多、更新的机会。

交叉科学的重要性

科学，可以说是"分科之学问"。人类迄今获得的知识已经浩如烟海，单凭个人的能力已不可能掌握全部的科学知识。科学被划分成文学、历史、哲学、数学、物理、化学、生物等学科。这种分科研究的方法便于人们聚焦于特定行业或领域，有针对性地累积大量专业知识，从而取得更深入和系统化的认识，推动该学科的发展。

虽然传统的分科研究推动了现代科学飞速发展，但是我们也看到了这种方法的一些固有缺陷。比如过度分割可能导致学科和学科间缺乏联系，很多研究无法突破边界等。这些缺陷的存在导致不同学科之间留下了大量的空白地带。这使科学界对交叉科学产生了极大关注。交叉学科需要研究者具备跨越不同学科间壁垒的能力，而作为一种新的科研范式，还可能超越传统学科里先行者固有的先发优势。这种特质更为我国带来了一种全新的可能性：传统学科赛道上欧美是先行者，已经建立起几百年的领先优势，我国虽然在奋力追赶，但想要赶超还有待时日。而在传统学科的边缘和交叉地带还存在全新的机会和无限的潜力，我们有望通过学科交叉抢先取得能够影响全世界、全人类发展的重大突破。因此交叉科学受到了国家和社会的广泛关注，学科的交叉融合已成为科学发展的重要时代特征。

信息技术与生物技术的交叉

21 世纪既是信息技术也是生物技术的时代，更是两者交叉融合的时代，这种交融很有可能带来更多、更新的机会。

谷歌，这家传统的信息技术大企业的研究领域看似与生命科学毫无联系，难以想象它能够给生物技术领域带来变革。但这种情况却在过去的几年内变成了现实——2018 年谷歌首次发布 AlphaFold，利用人工智能（AI）的力量对蛋白质结构实现了预测。到 2024 年 5 月，AlphaFold 已经更新至第 3 版，将可预测的范围从蛋白质结构扩展到大部分生命分子，准确率也提高了一倍。这种技术对生命科学领域产生了非常深远的影响，因为蛋白质等生命分子的结构可以说是整个生物技术领域的基石之一。生物体内的酶、各种抗体等功能性大分子在生物体内发挥着重要的功能，因此这些分子的精准结构可以为新的结构改造或药物分子设计提供指引，加速药物的研发，寻找新的靶点和治疗方法。在人工智能被引入结构生物学之前，百年间无数生物学家进行了不懈的努力，仍然只有极少数蛋白质的结构被真正研究出来。因此当第 1 版 AlphaFold 推出并展示出其强大的实力之后，结构生物学家纷纷发出悲叹，因为他们在做的事情似乎已经被人工智能代替了，但是很快他们又从悲观中醒悟过来，因为这种颠覆性的突破实际上预示着更大的机会，现在生物技术领域的科学家都开始积极地拥抱 AlphaFold，把它作为一种强大的工具，加速自己的研究。除了 AlphaFold 之外，现在还有越来越多来自信息技术领域的技术与生命科学挂起钩来，比如人工智能制药，人工智能与医学的结合等，这些都是典型的信息技术-生物技术跨界融合从而产生新机遇的例子。

上文描述的都是信息技术向生物技术的跨界，那么反过来生物技术是否也能向信息技术赋能呢？脱氧核糖核酸（DNA）或许就能做到这一点。

DNA 的发现及重要应用

《蒙娜丽莎》与 DNA 双螺旋结构[1]

DNA 存在于我们每一个人的身体里，从本质上讲，DNA 是一个化学分子，可以被看作一种高分子。生物在进化的过程当中，选取了这种双螺旋结构的高分子材料作为我们遗传信息的载体。DNA 双螺旋是一个特别美妙的结构，我们可以将这种结构想象成一条拉链，向右手方向拧转。很多艺术家都非常喜欢这样一个来自生命的结构，因此我们在很多建筑物或者雕塑中都能发现这样的元素。在 DNA 双螺旋结构被发现 50 周年的时候，有人把 DNA 的双螺旋结构和《蒙娜丽莎》融合到了一起。在艺术中，永恒的形象是蒙娜丽莎；在科学里，永恒的形象是 DNA 双螺旋结构。

　　双螺旋结构的发现可以追溯到 1953 年，两位伟大的科学家——沃森（Watson）和克里克（Crick）——在著名的《自然》（Nature）杂志上发表了一篇论文《核酸的分子结构》。整篇论文只有一页纸和一张图，却开启了生命科学进入微观世界的新征程——分子生物学，后续衍生出了分子微生物学、分子神经生物学、脑科学等全新的领域。更重要的是，双螺旋结构的发现回答了一个困扰人类上万年的天问：我们从哪里来？我们到哪里去？这篇简短的论文告诉我们：DNA 一共只包含 4 种单体，分别用 A、T、C、G 表示，其中 A 与 T 配对，C 与 G 配对，"从 DNA 的配对方式，我们马上可以推测出遗传物质的复制机制"。这样一个简单的结构让我们明白了我们如何从父母那里获得遗传信息，又如何传递给下一代。有意思的是沃森是一位生物化学家，克里克是一位物理学家，所以 DNA 结构的发现本身也是一个跨界合作的产物。

沃森和克里克发现 DNA 双螺旋结构[2]

经过几代科学家的共同努力，现在我们翻开任何一本分子生物学的教科书，都可以看到遗传是如何进行的。我们体内有一种叫"DNA 聚合酶"的蛋白质，它的尺寸比头发丝直径还小 1 000 倍，它像一个纳米尺度的复印机，把 DNA 双螺旋从中间分开，然后"复印"出两条跟原来一模一样的双螺旋链，这就是 DNA 的复制过程，在我们细胞里面这种复制无时无刻不在进行。

核酸包括 DNA 和核糖核酸（RNA），与其相关的研究一直是诺贝尔奖的宠儿，该领域的研究成果产生了几十个诺贝尔奖，上百位科学家因此获得诺贝尔奖，可说是产出诺贝尔奖最多的领域之一。从最开始对核酸结构的认识，到对核酸功能的认识，再到前几年对核酸信息的调控——也就是我们熟悉的成簇规律间隔短回文重复（CRISPR）基因编辑技术。通过该技术，我们不仅可以了解基因的结构和功能，还可以对它内部储存的遗传信息进行非常精准的编辑和调控。

这样一段非常美妙的科学发现历程不仅满足了人类的好奇心，让我们知道我们从哪里来、到哪里去，而且开启了整个现代生物技术工业。例如核酸检测技术，这是一个非常伟大并且也获了诺贝尔奖的技术，它利用了自然进化过程中的聚合酶，就像一台天然复印机一样不停地把采集到的 DNA 分子一变二、二变四，最终积累到很高的水平。因此即使一开始样本里只有极少量的病毒 DNA，通过 DNA 聚合酶的复制扩增也可以实现检测。核酸检测技术可以对病毒、细菌或者目标基因进行高灵敏度的检测，在医学、农学与畜牧学、生态学、刑侦学等领域都有广泛的应用。

另一个非常重要的技术就是核酸测序。它起源于 20 世纪末一个非常伟大的大科学项目——"人类基因组计划"。当时全世界几十个国家联合起来，投入几十亿美元，经历整整 10 年时间，只测了一个人的基因。而今天，我们只需要花费几个小时和不到 1 000 元人民币，就可以测一个人的全部基因序列。如果测序的价格能够降到 100 元的话，或许我们的体检都可以加上这一项目。

测序技术的发展还让我们能够测几十万年甚至百万年前古生物的基因信息，帮助我们了解古人类、猛犸象等古生物。古生物 DNA 测序技术前几年也获得了诺贝尔奖。

DNA 成为一种变革性的新材料

在微观层面，利用高分辨率显微镜我们可以看到 DNA 的真实结构，就像一条长度只有 2 纳米的毛线。我们不仅可以看到它，还可以操纵它排列出我们想要的字母。在宏观层面，特殊的纺丝技术可以把 DNA 纺成细丝，它的强度比天然蛛丝的强度还要高，可以作为防弹衣和人工韧带等的原材料。最早提出把 DNA 作为一种材料来使用的是纽约大学的西曼（Seeman）教授，他在 1983 年提出这个新颖的想法时还被认为是荒诞和不切实际的，但是现在已经变成现实。

为什么 DNA 可以作为一种变革性材料呢？

我们都知道信息技术世界的底层逻辑是 0 和 1，而我们生命的"底层逻辑"就是 A、G、T、C 4 个字母。如果把 0 和 1 看作二进制，那么 DNA 就是一个四进制的编码体系，大自然中的花鸟虫鱼本质上都是 A、G、T、C 的排列组合。DNA 作为一种生物亿万年进化选择的高分子材料，拥有一个和其他材料不同的特征，即可编程性，因此它的本质是一种由 A、T、C、G 4 种核苷酸组成的、可编码的分子信息材料。

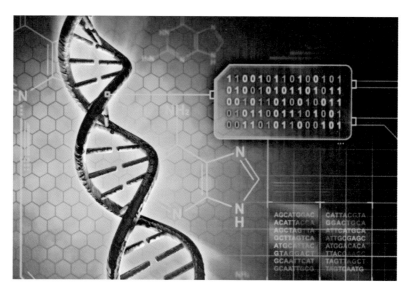

DNA 碱基作为信息编码字节[3]

有一种叫作"DNA 折纸"的技术，就像织毛衣一样，可以按照特定的程序把 DNA 编制成各种各样不同的图案。最早是美国加州理工学院罗斯蒙德（Rothemund）博士利用这样的编程技术，用 DNA 编织了一个直径为 70 纳米的笑脸图案。2006 年，我们团队用 DNA 编织了一张中国地图，这是一个不对称的 DNA 纳米结构，也可能是最小的中国地图。后来我们又用这张地图作为模块单元，拼出了一个熊猫图案。这个快速发展的技术领域我们称为"DNA 纳米技术"或者"核酸纳米技术"。简单地理解，这种技术可以像织毛衣或 3D 打印一样，把 DNA 这种信息材料编码成一维、二维、三维、多孔、曲面等各种各样的纳米尺度结构。

这些非常规则和精确的材料有着广泛的应用。宏观世界里最有用的材料就是框架材料，例如房子就是由多种框架材料构成的。框架材料为什么重要？我国古代的哲学家老子给出了一个最精准的哲学描述，就是"利"和"用"

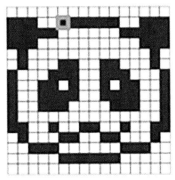

利用 DNA 折纸术制作的以 DNA 中国地图为模块拼接的熊猫图案[4]

的关系。《道德经》里有一句话是"故有之以为利，无之以为用"，就是说必须要有框架、有空间才能发挥作用，就像用空碗才能吃饭，用空杯才能喝水，空屋才能住人，框架里面空心的部分"无"才是能够发挥作用的部分。

基于利用 DNA 来编织框架结构的能力，我们率先在国际上提出了"框架核酸"的概念，即一类人工设计的结构核酸，它的尺寸、形貌和力学特性可以程序性地调控。这种微小的框架核酸可以"住"分子，为生物分子的识别提供更好的结构支撑，从而成为疾病诊疗、合成生物学等领域的重要工具。

在过去的十几年里，我们和国际上许多团队一起在框架核酸的领域做了很多工作，并证明它确实是一个通用的"技术平台"和"工具箱"，可以为生物检测、疾病治疗甚至与微电子相关的领域提供非常精细的基本工具。

DNA 与信息技术的结合

那么如何把 DNA 与信息技术结合起来呢？

让我们用宏观世界中已经无处不在的机器人作为例子：机器人是一个典型的信息技术产物，那么微观世界中是否也有类似的机器人呢？关于这个概念，我们最早可能只是在科幻小说里看到过，未来可能有一种纳米机器人，它可以走到我们的细胞里，寻找到癌细胞并消灭它们，这样不用动手术就能治疗疾病。科学就是不断地把科幻变成现实的历程，科学家围绕这个看似科幻的想法奋斗了很多年，大家意识到建造这种纳米尺度的机器人必须要利用生物技术，采用分子来搭建。

首先是要创造出可以运动的分子，我们称之为"分子机器"。1983 年法国科学家绍瓦热（Sauvage）发明了两类可以自主运动的分子机器，通过有机合成的方式创造了分子的运动。随后有许多科学家都在分子机器的领域内不断探索，例如荷兰的费林加（Feringa）教授发明了可以运动的分子汽车。这两位教授和美国的司徒塔特（Stoddare）教授一起获得了 2016 年的诺贝尔奖，以表彰他们在分子机器领域的贡献。分子机器的产生使得分子突破了布朗运动的限制，产生了定向机械运动，可以像宏观的机器人一样走起来。诺贝尔奖委员会高度评价了这种纳米尺度的机器人："分子机器在未来的应用可以说不可限量，甚至还能应用于医疗，进入人体组织修复器官，除去癌变细胞，更换有缺陷的人体基因。"

但是获得诺贝尔奖并不意味着分子机器人的研发画上了圆满的句号，它代表的其实是大家对技术潜力的无限憧憬。这些通过有机合成人为创造的分子，在体外可能运行得很好，可以实现各种各样的功能。可是它一旦进入细胞，情况就会完全不同。因为细胞对这些小分子来说是一个太过巨大和复杂的空间，有点类似于人类进入了浩瀚的太空。细胞内部有细胞质、细胞核和各种细胞器，要在这些位置之间穿梭就像人类要在不同的星球间穿梭一样，是一个高难度的行为，需要克服高度复杂的生物环境带来的各种问题。

要完成这样复杂的动作，必须让这些机器具有智能。这已经超越了有机合成的能力范畴，于是化学家将目光转向了分子的组装，希望借此突破分子智能的限制。因为在我们的细胞里面就有一些"机器"无时无刻不在运行。比如说我们体内与肌肉运动相关的蛋白质就在不断组装和解组装，这就是一个天然的分子机器。于是我们前些年提出了一个理念：能不能不依靠有机小分子从头合成，而是直接借助自然的力量，利用 DNA 或者框架核酸在细胞里的组装和解组装来构筑仿生的 DNA 机器，从而实现细胞里的物质和能量调控？

　　基于这个理念我们开启了全新的合成生物学研究：我们创建了一系列由框架核酸组装的原件，它们像 3D 打印一样精确；我们证明了可以通过分子组装产生智能，即用框架核酸创造智能分子机器人，虽然看上去比较粗糙，但却可以像家里的扫地机器人一样走迷宫；我们还从细胞外深入到了细胞内，

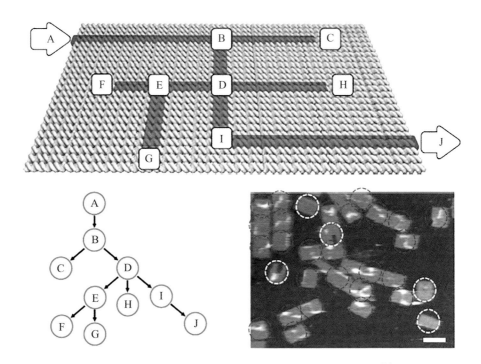

可以像扫地机器人一样走迷宫的框架核酸智能分子机器人[5]

仿造病毒这种天然纳米机器人的构造和工作原理做出框架核酸纳米机器人。这些工作有望推动生物医药产业进一步发展。

虽然 DNA 这种全新的材料与信息技术世界中机器人的结合是一个新兴的领域，但已经呈现出非凡的价值，值得持续探索。

DNA 存储

什么是 DNA 存储？简单来说，DNA 存储就是用 DNA 来存储计算机的信息。这个想法是不是听起来很疯狂？基于硅的计算机信息为什么能存到我们碳基生物中去？但是一旦深入到两者的本质层面上，这一切就能得到非常合理的解释，因为计算机世界本质上是由 0 和 1 组成的二进制世界，而 DNA 则是由 A、G、T、C 组成的四进制世界。这两个进制之间完全可以进行相互转换。

近些年，DNA 存储获得了各界的广泛关注，例如：我国把 DNA 存储列入了《中华人民共和国国民经济和社会发展第十四个五年规划和 2035 年远景目标纲要》和《"十四五"国家信息化规划》；美国的《科学》（Science）杂志提出了未来发展的 125 个科学问题，其中信息科学的四大问题之一就是能否用 DNA 做信息存储的介质；美国成立了 DNA 数据存储联盟，微软等企业已经参与其中；国内的一些信息技术公司也对这个领域非常感兴趣，希望参与这个全新的变革性存储研究。

数据或者信息的存储实际上与整个人类文明的发展密不可分，可以说整个人类社会的文明史就是一个信息存储和传播方式不断变革的历史。从原始人的结绳记事，到纸张的发明，再到 20 世纪 80 年代出现电子信息，如今又有了硬盘、U 盘、云盘等新的存储介质，数据存储的问题是不是都解决了呢？

实际上并没有，如果看一下全球数据的增长情况就能发现，我们进入了一个信息爆炸时代。2020 年全世界的数据是 44 泽字节（ZB），也就是 440 万亿亿字节，这些数据的存储需要消耗整个三峡大坝全年的发电量，而且数据还在不断增长，现有能源将难以为继。但是我们再仔细分析就能发现，这些数据里 80%～90% 都是冷数据，这些数据不像我们手机里的信息需要快速频繁地被调用，相反，它们在一年甚至更长时间里都很少被使用。如果要保存这些数据需要持续地消耗能源或者金钱，但直接丢弃又可能意味着人类文明的一种损失，这就造成了一个困境。

另一个困境来自数据的传输。各种技术的发展使得现在人类活动产生的数据已远超从前。例如前些年人类第一次拍摄黑洞的照片，数据量高达 5 拍字节（PB），要存满几千个太字节（TB）级别的硬盘，总质量达到半吨。这样的数据量已经无法用网络进行传输，只能回到最原始的方法，用车辆或者飞机来运输，运输的难度和费用直线上升。

第三个困境是存储寿命。现在的硅基存储方式经过 10 年左右基本都要进行一次数据迁移，除了造成成本上升之外，随之而来的还有数据安全性和可靠性问题。

这些困境都对硅基存储提出了严峻的挑战，于是大家想到了 DNA 存储。实际上，早在 20 世纪 60 年代就有科学家提出 DNA 存储的设想，1988 年这个设想得到了首次证明。如上所述，二进制和四进制的转换实际上并不难。对 DNA 存储而言，数据的写入就是 DNA 的合成，而数据的读出就是基因测序。

微软前几年也进入 DNA 存储领域，并在 2019 年推出了世界第一台端到端的 DNA 存储原型机，使 DNA 存储从科学研究真正走向了产业化。国内的华为、联想和华大基因也都非常关注 DNA 存储。这种来自业界的高度关注与 DNA 的优势是密不可分的。经过推算，利用 DNA 这一来自生命的全新材料存储数据，可以把信息存储的物理极限提高 7 个数量级，相当于把 1 000 万块硬盘的数据存到一个只有 50 克砝码大小的 DNA 中，而全世界 440 泽字节数据用 200 千克 DNA 就可以存下。这样再也不会担心未来的数据量太大存不下了。除了密度极高之外，DNA 存储的能耗极低，寿命极长。对硅基来说，存储 10 年是寿命极限，DNA 却可以存储千年甚至百万年，理论上 DNA 中的信息可以永久保存。此外，DNA 存储还有安全性高和抗干扰性强等优势。

更重要的是 DNA 存储的上下游已经取得了突破。DNA 合成早在 20 世纪就已经实现，到现在已经是一个成熟的产业，其成本是按照摩尔定律下降的。由于人类基因组计划的推动，基因测序甚至出现了超摩尔定律的发展，已经从一个几十亿美元的天价科学项目变成一个不到 1 000 元人民币的成熟技术。DNA 存储很可能在不久的将来就可以实现。

虽然现在 DNA 存储的存取和读出速度还比较慢，也只是针对部分冷数据进行存储，但相信在可预见的未来，医疗、航空航天等领域的各种大数据都有可能变成由 DNA 来存储。

DNA 存储是利用来自生物的材料执行信息技术的功能，因此是一种典型的信息技术-生物技术交融的技术，我们期待它能够按照半导体科技爆发式、跨越式、非线性的规律发展。就如 1946 年全世界第一台计算机"埃尼阿克"问世，整个计算机极其复杂，体积和一个房间一样大；但是到 1982 年就已经出现与我们现在的计算机非常相似的个人计算机。所以我们期待这台由微软开发的简单、粗糙的 DNA 存储原型机能在不久的将来脱胎换骨，真正成为一台商业化的设备。我们也在上海交通大学成立了DNA存储研究中心，希望能引领和促进整个行业的发展。未来信息技术和生物技术的交融，以及更多不同学科的交叉与融合，可能就是新一轮技术革命和产业变革的必由之路。

参考文献

［1］ Tikhomirov G, Petersen P, Qian L L. Fractal assembly of micrometre-scale DNA origami arrays with arbitrary patterns［J］. Nature, 2017, 552: 67 – 71.

［2］ Watson J D, Crick F H C. Molecular structure of nucleic acids: a structure for deoxyribose nucleic acid［J］. Nature, 1953, 171: 737 – 738.

［3］ Lv H, Xie N L, Li M Q, et al. DNA-based programmable gate arrays for general-purpose DNA computing［J］. Nature, 2023, 622: 292 – 300.

［4］ Meiser L C, Nguyen B H, Chen Y J, et al. Synthetic DNA applications in information technology［J］. Nature Communications, 2022, 13: 352.

［5］ Chao J, Wang J B, Wang F, et al. Solving mazes with single-molecule DNA navigators［J］. Nature Materials, 2019, 18: 273 – 279.

合成生物学：扮演"造物主"

刘晨光

　　刘晨光，上海交通大学生命科学技术学院副教授，博士生导师，研究方向为合成生物学和绿色生物炼制；教育部"长江学者奖励计划"青年学者项目入选者；获上海交通大学"SMC–晨星青年学者奖励计划"优秀青年教师奖A类，获校"卓越教学奖""凯原十佳教师""青年岗位能手"等称号，获校"烛光奖"一等奖、教书育人奖、青年教师教学竞赛一等奖、全国微课竞赛二等奖；主持国家自然科学基金等项目10余项；在学术期刊上发表论文150多篇，参与编著英文专著1卷，独著中文专著1本，担任国际学术期刊的编辑和编委；获得发明专利授权10项；指导学生获得全国竞赛一等奖5项。

米开朗琪罗在梵蒂冈西斯廷教堂的天顶上创作了油画《创造亚当》，展现了西方宗教中上帝将智慧传递给人类的场景。而对生物学家而言，如果真有什么东西被传递了下来，那一定是遗传物质。遗传物质中几乎包含着生命的所有信息，而且所有生命形式都在使用同一套编码系统，这就为科学家改造生命甚至创造生命提供了"逆天"利器。人类终于有机会通过合成生物学，扮演"造物主"的角色。

合成生物学（synthetic biology）将工程学原理与方法应用于生物技术领域，包含对自然界中不存在的生物系统的设计组装，以及

如果上帝传递了生命和智慧，那一定是通过遗传物质

对现有生物系统的重新构建。合成生物学在 2000 年后快速发展，人类因此获得了改造生命的能力，在某种意义上开始扮演"造物主"的角色。合成生物学的神奇魔力不仅包含前沿的科学进展和新奇的商业应用，更有对未来人类发展的无限畅想。

何为合成生物学

美国化学学会在世纪之交 2000 年提出，合成生物学是基于系统生物学的遗传工程和工程方法的人工生物系统，将工程学的原理应用于生物技术领域，从基因片段分子、基因调控网络与信号传导路径到细胞的人工设计与合成，让它们像电路一样运行。凝练一下，合成生物学就是对自然界中不存在的生物元件或者生物系统的设计和组装，以及对现有生物系统的重新设计或建造。再精练就是"将生命系统工程化的技术"。麦肯锡公司曾在 2020 年预测：在未来的 10～20 年内，有 4 万亿美元的经济价值将由合成生物学主导创造，全球 60% 的产品可以采用生物法重新生产。

合成生物学的三大底层技术简称"读、写、改"，即基因测序——读出信息、基因合成——写入信息、基因编辑——改变信息。技术的进步推动了产业的发展。在基因测序方面，在 20 世纪 90 年代，以获得人类完整基因组信息为目标的"人类基因组计划"耗资 30 亿美金。而在 2023 年，华大智造宣称可以将单人基因组测序价格降至 100 美元以下。只需要花费约 700 元人民币，个人就可以了解自己的基因组情况，如是否有肥胖基因、糖尿病基因，甚至遗传病和癌症基因。在基因合成方面，由于其无需模板，不受基因来源限制，因此不需要接触真实的生物。在新冠疫情发生时，科学家们只需在数据库中检索新冠病毒的基因，就能将其合成，无须承担巨大风险去接触完整病毒。在基因编辑方面，获得诺贝尔化学奖的技术 CRISPR-Cas9 降低了基因编辑的操作难度，提升了编辑效率，相关研究人员宣称甚至高中生经过简单的培训也可编辑基因。随着三大底层技术的实现难度和成本大幅度下降，合成生物学的应用变得愈发广泛。

中国在合成生物学领域站上了技术的潮头。早在 1965 年，我国科学家首先合成了人工蛋白质——结晶牛胰岛素，这成为我国合成生物学的里程碑。自 2000 年合成生物学的概念被正式提出以来，我国在这一尖端领域的研究就处于世界第一梯队。2015 年，上海交通大学与中国科学院上海生命科学研究院植物生理生态研究所等单位发起成立了上海合成生物学创新战略联盟。我国新创建的学术期刊如《合成和系统生物技术》（*Synthetic and Systems Biotechnology*）与《合成生物学》等促进了学术成果的分享。在研究助力和政策支持下，合成生物学相关企业犹如雨后春笋般出现。中国的合成生物学正在蓬勃发展、欣欣向荣。

合成生物学到底好不好？还是要看脚踏实地的应用，接下来我们将领略合成生物学在各领域中的风采。

合成盛宴——人造食品

民以食为天，许多食物归根结底来源于植物的光合作用——将二氧化碳转变为葡萄糖等营养物质。已有科学家将二氧化碳固定的途径导入异养型的微生物中，让它们晒晒太阳、喝喝"西北风"就管饱。我国的科学家另辟蹊径，抛开了细胞的桎梏，只选取对反应有用的酶进行催化，实现了从二氧化碳直接合成淀粉[1]。这是一项典型的合成生物学研究思路：首先画好"图纸"，通过计算生物学从 6 000 多个化学反应和生物合成途径中，设计出一条只需要 11 步反应的从二氧化碳到淀粉的人工合成路线；其次进行"施工"，从来自动物、植物、微生物等 31 个不同物种的 62 种酶中选出 10 种加以改造，构建出利用二氧化碳合成淀粉的辅助材料；最后进行"装修"，对淀粉的结构、口感等进行微调，使其更接近自然状态。

植物来源的食物可以被替代，动物来源的肉可以吗？对合成生物学而言，这些都不是事儿！2019 年，人造肉首次在国内发售，售价大概是一斤 60～100 元。与植物蛋白来源的"豆干"不同，利用动物干细胞培育出的人造肉，在口感和成分上非常接近传统的肉类。动物干细胞培养技术并非难题，难的是如何廉价地生产，这种亟须解决的工程问题正是合成生物学工程化思维的关键。2019 年，中国第一块人造肉在南京农业大学诞生了，研究团队用了 20 天的时间培养猪肌肉干细胞，得到了 5 克培养肉。人造肉天生就带有很多优势，下图对比了人造猪肉和天然猪肉的差异，如果你是人造肉的生产公司的最高管理者，会如何宣传你的产品呢？

人造猪肉	VS 每100（克）	天然猪肉
12.5	蛋白质（克）	17.9
0	胆固醇（毫克）	68
309.8	能量（千焦）	912.5
0.7	饱和脂肪（克）	4.93
2	铁（毫克）	0.88
54	钙（毫克）	15
√	无添加抗生素	？
√	无添加激素	？

对比人造猪肉和天然猪肉的差异，你会选哪一个？

呵护美丽——新护肤品

随着生活水平的提高，护肤品不再只是女士的最爱，也得到了众多男士的钟爱。传统护肤品成分通过自然提取获得，但是提取难度大、成本高，有些成分的原料提取还面临着伦理问题——如来自人体。胶原蛋白是使皮肤光滑、有弹性的主要功臣。2022 年，使用大肠杆菌生产人的胶原蛋白实现了产业化，为护肤品行业提供了更好的材料。近些年流行的麦角硫因是一种天然稀有氨基酸，具有超强的抗氧化性。它存在于蘑菇、真菌、西兰花、燕麦麸皮等中。使用合成生物学的方法改造微生物，实现了大规模生产麦角硫因，从而使更多的化妆品企业将其作为产品中主要的抗氧化成分。

守卫健康——药物生产

世界上最危险的（除人之外的）动物是什么？也许不是狮子、毒蛇这些猛兽毒物，而是小小的蚊子。蚊子不仅导致了夏日的瘙痒，更是许多传染性疾病如塞卡病毒病、登革热、疟疾病原体的携带者，每年会导致 200 万人死亡。尤其是疟疾，这种由原生动物疟原虫引发的疾病，现在仍然在热带的欠发达国家肆虐。治疗疟疾的特效药想必中国人都不陌生，就是由我国诺贝尔生理学或医学奖得主屠呦呦发现的青蒿素。青蒿素来自黄花蒿的茎叶，若使用屠呦呦的提取方法大规模生产青蒿素，无论从成本还是效率方面都远远不能满足要求，因此合成生物学"该出手时就出手"了。2006 年，科学家改造了酵母的代谢通路，利用葡萄糖合成了青蒿素的前体青蒿酸，再经过简单几步转化就可以得到青蒿素[2]。大规模种植黄花蒿对我国而言会造成土地资源的浪费，但是利用大量种植的经济作物（如烟草）生产青蒿素，则可以一举多得。为了节约土地资源，使用组织培养合成的垂直农业，可以把实验器皿中的黄花蒿在类似于工厂的环境中大量培养，既提高了生产速率、保证了产量，又有利于进行工厂化的管理和运营。

相较于青蒿素，抗癌名药紫杉醇的合成生物学生产对物种保护的意义就更大了。紫杉醇来自植物界"活化石"——红豆杉的树皮，而失去树皮的杉树只有死路一条。在微生物体内生产紫杉醇能够挽救大量红豆杉。植物产物可以由微生物合成，动物产物如胰岛素也能由微生物来大量生产。早期的胰岛素是从大量牲畜的内脏中提取的，成本高昂。合成生物学家将胰岛素的编码基因导入微生物中，能够大量且廉价地生产胰岛素，造福了成千上万的糖尿病患者。

转化能源——电木成油

合成生物学不仅能解决个人的微观问题，还能解决国家的宏观问题。我国不仅面临着严重的能源安全挑战（石油进口依赖度连续多年都在 70% 以上），而且面临着碳减排的压力（碳排放量占世界总量约 1/3）。如果充分利用农业废弃物秸秆，则可每年替代 1 亿吨石油。利用以秸秆为代表的木质纤维素的关键步骤是使用纤维素酶，将纤维素降解为葡萄糖，提供给微生物进行转化。纤维素酶是复合酶，需要至少三种酶协同作用完成这个过程。通过合成生物学改造，可以构建优良的高产纤维素酶的菌株，产出三种酶比例合适、酶活性较高的复合酶产品，助力实现"点木成糖"。

使用电能也有助于减少对化石燃料的依赖。电和生命息息相关——细胞内大多数反应都是涉及电子转移的氧化还原反应，从而保证了细胞的能量供给。有趣的是，自然界中有直接产电的"发电机"微生物，如电活性菌硫还原地杆菌和希瓦氏菌。这些微生物合成导电膜蛋白帮助电子进出细胞，并将其传递给胞外的物质，从而形成了电流。除了产电，大多数微生物还能用电。通过在外部提供电能，驱动细胞代谢流按照设计的方向流动，像控制电路一样控制细胞。电的参与赋予了细胞额外的能量，可以实现自然环境下难以企及的目标，如先使用电化学装置固定二氧化碳产生甲酸或甲醇，再通过微生物利用这些有机物生产其他产品。

将上述两个方式串联起来，就是很好的能源生产模式：首先"点木成糖"，将木质纤维素转化为细胞可以使用的葡萄糖；再"电驱细胞"，将电能以化学能的形式固定在细胞的代谢物中，从而实现能源形式的转化，利用"电"＋"木"（木质纤维素）替代"油"（石油）。

保护环境——生物降解

合成生物学不仅可以解决能源问题，还有望帮助人类解决环境问题。塑料垃圾已经充满整个世界。在地球最深之渊——马里亚纳海沟，以及最高之巅——珠穆朗玛峰——都有塑料垃圾。在动物体内，甚至在人类血液中都发现了微塑料的存在。贴近大自然的解决之道还是依赖生物。2015 年，科学家报道了黄粉虫只吃塑料泡沫就能存活；2017 年，科学家又观察到蜡虫能吃塑料袋。随后科学家发现，真正起作用的是昆虫肠道中的微生物群落，并且在它们的肠道中分离出了可以降解聚乙烯的微生物。除此之外，科学家也将目标精准定位于海洋塑料的降解。海洋"土著"微生物如需钠弧菌可在海水中快速生长。使用合成生物学的方法可以将塑料降解酶的基因导入需钠弧菌，赋予其降解塑料垃圾的"超能力"[3]。环境污染物中还包括许多人造化学物质，如农药残留物——多氯联苯等。可以采用与微生物降解塑料近似的思路，构造出具有专门降解特定化合物的功能微生物，使微生物降解环境污染物如虎添翼。

存储信息——基因硬盘

脱氧核糖核酸（DNA）本身就是天然的"硬盘"，存储着生命的遗传信息。能否利用DNA去保存其他信息呢？原理其实很简单，就是将计算机中0和1的保存模式，变为4种碱基（ATGC）的编码模式。根据编码合成DNA序列，解码时通过基因测序仪测出序列。2022年，天津大学的元英进院士团队将敦煌壁画存到了细胞当中，在70摄氏度高温下保存了70天，完美恢复了敦煌壁画的数据。也许有人疑惑，硬盘已经足够好了，为什么还需要生物信息存储呢？下表对比了传统信息存储工具和DNA存储的差异，其中最

存储介质性能的对比

性能	单位	存储介质		
		硬盘	闪存	DNA
读写速度	比特/微秒	3 000～5 000	约 100	<100
保留时间	年	>10	>10	>100
能量消耗	瓦/兆字节	约 0.04	0.01～0.04	$<10^{-10}$
数据密度	比特/厘米³	约 10^{13}	约 10^{16}	约 10^{19}

吸引人的是 DNA 具有极高的存储密度。全世界现有全部数据可以存在仅 200 千克的 DNA 当中，而一个人体内约有 2 千克 DNA，所以把全世界的信息都存下来，只需要 100 个人体内的 DNA 量就可以实现。

DNA 除了作为信息存储的工具，还极具成为纳米机器人的潜力，这得益于 DNA 的自组装能力。碱基能够通过互补配对原则发生作用（A 配对 T，G 配对 C），从而形成经典的双螺旋结构。如果人为加以改进，那么 DNA 会形成更多具有设计感的形状。2017 年《自然》（*Nature*）杂志发表了 4 篇关于 DNA 自组装的论文，不仅绘制出了蒙娜丽莎的微笑，还做出了纳米泰迪熊。科学家可以像拼乐高积木一样制作出各种构件[4]。上海交通大学的樊春海院士开发的 DNA 折纸技术，可以在数百条短链 DNA 的帮助下将长单链 DNA 折叠成指定形状，尺寸集中在几纳米到一两百纳米之间。使用该通用技术生产分子机器、纳米机器人等，为后续对微观世界的开发提供了无限的想象力。

创造生命——真的可以？

上述的应用实例好似还没有实现扮演"造物主"的目标，但科学家没有停止努力。2018 年，科学家使用聚合丙烯酸酯作为细胞膜制造了人造细胞，并向其中增加了细菌的群体感应功能，模仿微生物间的通信过程，相当于赋予了人造细胞交流的能力。2020 年，科学家造出了光合作用细胞器——叶绿体——离造出完整的细胞又进了一步。人造叶绿体基于菠菜细胞，再加上 9 种不同的生物体的酶，是完全由人类拼接出来的新东西。2020 年，科学家以非洲爪蟾的细胞进行计算机模拟设计，制造出可以自主行走的细胞团块。2021 年，该团队制造的细胞团块又增加了功能，可以收集游离的单细胞，相当于实现了捕食功能。当单细胞汇聚至大小与细胞团块相近的时候，就可以脱离母体，变成新细胞团块继续捕食，相当于实现了人造生命的繁殖[5]。虽然最近的研究不断给我们带来惊喜，但是人类还未真正实现从化合物到生命的过程。当这一飞跃实现之时，合成生物学才能使人类成为名正言顺的"造物主"！

结语

合成生物学能做到的事情，其实很多都在科幻作品中得到了展示。《火星救援》中的主角没有食物，除了种土豆，我们可以建议他利用火星大气中的高浓度二氧化碳去生产人工淀粉和人造肉。美国队长和绿巨人的超能力来自他们所注射的强化药剂，我们知道配方的话，也可以使用合成生物学大规模合成，这样人人都会变得强壮和健康。但是所有技术都有双面性，合成生物学使人类获得"造物主"能力的同时，也会带来众多的伦理问题。比如人造人的地位、个别人实现长生不老、基因编辑孕育完美婴儿等。希望人类能够管理好自己，应用好合成生物学技术，做个善良的"造物主"，让世界变得更美好！

精彩问答 Q&A

Q1. 人造肉涉及食用转基因食品对人体造成危害的问题吗？

"转基因"这个词似乎被妖魔化了，总要和安全放到一起讨论。

实际上大自然中的生物在不断发生"转基因"。否则，生物就会一成不变，走向灭亡。合成生物学需要通过基因编辑去实现设计目标，因此无须回避"转基因"这样的表述。人造肉能够上市被大众所购买到，必定是经过充分的安全验证的，大可不必担心安全问题。

Q2. 请问电活性菌有没有一些具体的应用？

电活性菌的研究非常前沿，现处于实验室机理研究阶段。但潜在的应用前景十分广阔。举例说明：①微生物电池可以利用电活性菌发电，可以自我更新，维持电池的持续工作，应用于不便经常更换电池的场合；②环境废水处理中常用到电活性菌，可以协调混合菌群中各微生物的生理状态，提高处理效果；③附着在金属表面上的电活性菌能够影响金属的耐腐蚀性，可应用于材料防腐；④电活性菌响应电信号，可以作为电敏感型的生物元件，使用电能控制细胞状态。

Q3. 是否能够用合成生物学技术生成人造器官，为病患提供生存的希望？

为患者提供由自身细胞合成的人造器官是合成生物学家的奋斗目标。现在的技术可以使用 3D 打印技术直接将细胞作为"墨水"打印出器官，如视网膜、肾、心脏、关节。用自身细胞构造单独的器官在现阶段并不涉及伦理问题，但如果用自身细胞克隆了一个完整的个体，然后把克隆体的器官取下来的话，这就严重违反伦理，而且会引发一系列可怕的后果。

参考文献

［1］Cai T, Sun H B, Qiao J, et al. Cell-free chemoenzymatic starch synthesis from carbon dioxide［J］. Science, 2021, 373(6562): 1523 – 1527.

［2］Ro D-K, Paradise E M, Ouellet M, et al. Production of the antimalarial drug precursor artemisinic acid in engineered yeast［J］. Nature, 2006, 440(7086): 940 – 943.

［3］Huang L, Ni J, Zhong C, et al. Establishment of a salt-induced bioremediation platform from marine *Vibrio natriegens*［J］. Communications Biology, 2022, 5(1): 1352.

［4］Ong L L, Hanikel N, Yaghi O K, et al. Programmable self-assembly of three-dimensional nanostructures from 10, 000 unique components［J］. Nature, 2017, 552(7683): 72 – 77.

［5］Kriegman S, Blackiston D, Levin M, et al. Kinematic self-replication in reconfigurable organisms［J］. Proceedings of the National Academy of Sciences, 2021, 118(49): e2112672118.

点击化学：无以为用！

董佳家

　　董佳家，上海交通大学转化医学研究院教授，1978 年出生于湖南省涟源市，2000 年 6 月在厦门大学化学系获学士学位，2006 年 1 月在中国科学院上海有机化学研究所获博士学位，师从姜标研究员，之后加入白鹭医药技术（上海）有限公司进行新药研发工作，2009 年 3 月至 2015 年 3 月，在美国斯克利普斯研究所（Scripps Research）的巴里·沙普利斯（Barry Sharpless）实验室任研究助理，其后被中国科学院"百人计划"引进，加入中国科学院上海有机化学研究所有机氟化学院重点实验室工作，2022 年以长聘教授身份加入上海交通大学转化医学研究院工作至今。董佳家的"模块化的点击化合物库"的工作成果在《自然》（Nature）杂志发表，并入选该期刊 2019 年度十大杰出论文，美国化学学会《化学与工程新闻》（C&EN）将上述成果列为 2019 年度合成化学领域的三项重要成果之一。董佳家于 2020 年获第二届全国创新争先奖和第十四届"药明康德生命化学研究奖"学者奖。

2022 年 10 月 5 日，瑞典皇家科学院宣布，将 2022 年诺贝尔化学奖授予美国科学家卡罗琳·贝尔托西（Carolyn Bertozzi）、巴里·沙普利斯（Barry Sharpless）和丹麦科学家莫滕·梅尔达尔（Morten Meldal），以表彰他们在发展点击化学和生物正交化学方面的贡献。点击化学是这次伟大发现的起点，生物正交化学则是进一步将点击化学推到了更高的维度，这背后最关键的科学问题还是一种并不"全新"的化学反应（炔与叠氮的 3 + 2 环加成反应，早在 20 世纪 60 年代就已经发展成熟的一类化学反应）性质，在新世纪学科交叉（合成化学和生命科学、材料科学交融）大背景下，针对学科发展需要的再发现。引用诺贝尔化学委员会主席约翰·奥奎斯特（Johan Åqvist）的总结来说："2022 年的化学奖不是关于应对过于复杂的问题，而是关于用容易和简单的方法处理问题。"

生命核心物质脱氧核糖核酸带来新灵感

当前人们的衣食住行都与过去两个世纪里合成化学的发展密不可分，我们改造自然所使用的各种材料，对抗自身疾病所使用的药物，甚至保证农作物产量所需要的农药都离不开合成化学。从这个角度来说，合成化学是一门通过合理、高效地利用自然界中可得的物质去创造新的、自然界中没有的物质，从而发现新功能并造福人类社会的学科。创造新物质是合成化学的手段，通过新物质实现新功能是这门学科的真正使命。而如何通过简单、高效的方法，按需连接、组合原有物质并完成合成反应，就是我们一直迫切希望解决的难题。

自然是合成化学家最好的老师。生命的核心物质——脱氧核糖核酸（DNA）——只使用了非常有限的合成砌块（就像用一块块积木堆砌成各种物体与形状），即4种核苷酸和20种标准氨基酸，却"合成"、进化出了人类无法想象的复杂生命。这个合成过程所显示出的"模块化的连接模式"和"极为高效的连接反应"，给合成化学的发展带来了新的灵感。在分子合成中，能不能也使用这种带有模块化特征和标准接口的简单办法？美国斯克利普斯研究所的沙普利斯教授在1999年提出了"点击化学"（click chemistry）的概念，他认为，合成化学家应该专注于寻找和使用简单、直接的连接方式，使用少数的、效率极高的、高度专一的化学反应，模块化连接砌块分子能够帮助大家更直接地实现分子功能[1]。

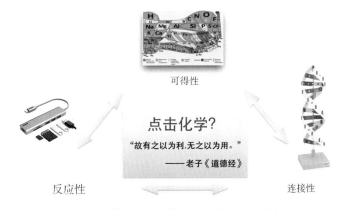

可得性、连接性、反应性是合成化学的关键问题

小贴士 Tips
为什么叫"点击化学"?

为了解决在模块化链接分子砌块时化学家面临的重要合成科学问题,沙普利斯教授提出了"点击化学"的概念。他认为完美的模块化合成方式应像汽车座椅上的安全带搭扣一样左右对应,精确插入相应的卡口,弹簧"咔嗒"一声锁紧,牢固连接瞬间完成,左右中间不容错位。因为给安全带扣搭扣这一动作过程隐喻的意象,沙普利斯和他夫人为这一类型的化学反应取名为"click chemistry",直译成中文时出现了偏差,被错误地翻译为"点击化学"。其实这是一个关于文化差异的翻译失误。

这一概念很快得到了科学家们的认可。2002 年,沙普利斯小组[2] 和丹麦的梅尔达尔小组[3] 分别独立报道了一个很有意思的化学反应:他们发现端炔官能团和叠氮官能团能够在一价铜催化剂的催化下发生一种环加成反应,得到一类具有 1,4 取代的 1,2,3-三氮唑结构的化合物,该反应就是如今化学家们都熟知的 CuAAC 反应。

一价铜催化下端炔与叠氮的环加成反应 (CuAAC)

　　虽然有机化学反应种类繁多，但在所有已知的反应性能当中，CuAAC 反应显得尤其独特。发生 CuAAC 反应的两种官能团在大自然中极为罕见，尽管两个官能团都蕴藏着巨大的能量，它们却同时在动力学上具有相当高的化学稳定性，甚至分别作为药效官能团出现在了市面上。端炔基团出现在常用的口服避孕药物炔雌醇中，叠氮基团是第一种抗艾滋病药物齐多夫定的重要药效官能团。即便它们拥有如此高的稳定性，只要碰到一价铜催化，两个官能团就立即发生反应，哪怕是在底物浓度很低的情况下，或在各种不同的有机溶剂，甚至是水相或复杂的细胞液成分中，都能高效反应且反应趋势极高。无溶剂时，将一价铜盐直接加入叠氮和端炔分子混合物，甚至有可能引发爆炸。

　　CuAAC 反应引起了与合成化学相关的几乎所有学科的高度关注，迅速成了点击化学的标志性反应，其在材料化学、药物化学、化学生物学等学科中已经获得广泛应用。相比其他化学反应，点击化学反应在复杂环境下具有高度的可预测性，在众多交叉学科中已经取得广泛应用。极高的反应趋势和接近正交的反应性是点击化学反应成功的原因。

第二代点击化学反应

　　对合成化学家来说，一种高度可预测的连接反应的价值几乎是无穷无尽的！这也是理想中的反应，但是符合"点击"（click）要求的化学反应几乎凤毛麟角。在 CuAAC 反应的启发下，斯坦福大学的贝尔托西教授发展的张力诱导的环状炔与叠氮的环加成反应[4]（copper-free click reaction），以及在材料化学领域已经取得广泛应用的巯基-烯加成反应（thiol-ene click reaction）

也被科学家们认可。其中，张力诱导的环状炔与叠氮的环加成反应更是促成了生物正交化学领域的重大进展，化学家们甚至可以通过这种模式直接在生命体内进行人工可控的化学反应。例如，2020 年，美国生物技术公司 Shasqi 依靠点击化学在人体内进行高效、专一的反应，其抗癌药物靶向肿瘤细胞疗法已进入 I 期临床试验，这是首次在患者体内进行点击化学反应。同时，国际上一系列应用点击化学技术的试剂、药物、材料也已经成功地走向市场。

相比于药物化学目前最广泛使用的一系列连接反应，CuAAC 反应的合成空间极大受限于叠氮化合物与端炔类化合物的可得性。简单地说，就是反应实现了，但是砌块却并不够。2019 年，我们报道了一种重氮转移试剂氟磺酰基叠氮（FSO_2N_3），解决了叠氮化合物的可得性问题[5]。在进行重氮转移反应时，FSO_2N_3 可以在温和的水油两相条件下，无需金属催化剂，以接近 1∶1 的形式，快速、正交地将一级胺官能团转化为对应的叠氮。该反应对于烷基、芳基、磺酰基取代的一级胺同样有效。FSO_2N_3 在溶液中的使用相对安全方便，极高的重氮转移效率使得合成的有机叠氮产物并不需要分离纯化。从一级胺官能团分子砌块出发，模块化地在 96 孔板中建立一级胺的砌块库，一天内就可以在其中直接合成对应的叠氮砌块库。叠氮砌块库可以和端炔原位

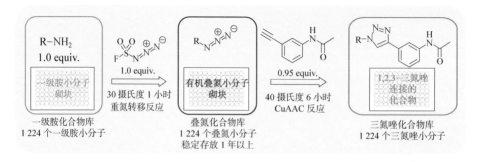

一种模块化的点击化合物库构建方法

进行 CuAAC 反应，实现从前体端炔化合物出发，进行极大多样性的合成改造，不需要分离纯化，直接进行分子功能筛选。这种合成即得的模式，为加速发现药物先导化合物提供了一种有力的工具，该方法被命名为"模块化的点击化合物库构建方法"。

2014 年，沙普利斯小组又报道了与 CuAAC 反应不同的一类反应，称为"六价硫氟交换反应"（SuFEx）[6]。这种新的反应利用的也是六价硫氟化学键具有独特高能，但在动力学上却极为稳定的性质。SuFEx 在过去几年内得到了越来越多的关注和应用，被称为"第二代点击化学反应"。六价硫氟化合物作为亲电试剂，在与其他亲核试剂进行硫氟交换反应时具有独特的性质，即在特定条件下同时具备动力学上的高度稳定性和高度反应活性。我们称其为"边缘的酸碱反应性"（fringe acid-base reactivity），即一个简单易得且低极性的亲电官能团具有极高的化学稳定性，甚至可成为在生物体中不可被轻易活化的官能团，却同时可能具有极高的化学反应性，即在外加第三方诱导因素

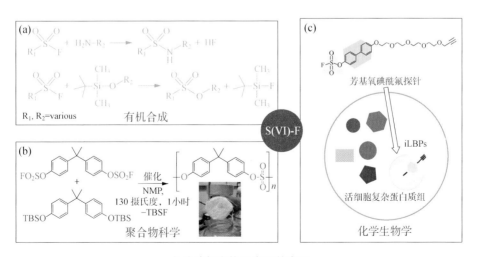

六价硫氟交换反应及其应用

的条件下可被活化，与普通的亲核试剂进行高效的连接或者转化。这种独特的过程兼顾了选择性以及合成上的高效性。因此，六价硫氟交换反应的发现，提供了一个可用于多学科交叉创新的合成方法学。

目前，合成化学学科的发展日臻成熟，易得的物质、元素间基本的反应性以及可能且稳定的连接形式大多已经被反复深入研究，但是随着生命科学研究进入原子、分子尺度，体系与过程呈现极端复杂性，对生命过程的认知和调控也对传统的合成化学在效率和选择性方面提出了新的高要求，这些新的科学问题也将为合成化学家发现或者"再"发现新的化学反应性带来更多的机会。点击化学和生物正交化学正是在这样的时代背景下，走上了历史舞台，并带领化学进入了功能主义的时代。这个领域的成功故事将进一步启发新一代的化学家们去寻找有价值的化学反应性，并且在重要问题导向下将新化学反应性应用于学科交叉中。同时，这种简单实用，但针对重要科学问题的化学方法的成功毫无疑问将会影响合成学科未来的发展方向，在合成化学学科的发展历史上将具有划时代的意义。

参考文献

［1］Kolb H C, Finn M G, Sharpless K B. Click chemistry: diverse chemical function from a few good reactions［J］. Angewandte Chemie International Edition, 2001, 40(11):2004－2021.

［2］Rostovtsev V V, Green L G, Fokin V V, et al. A stepwise Huisgen cycloaddition process: copper(Ⅰ)-catalyzed regioselective "ligation" of azides and terminal Alkynes［J］. Angewandte Chemie International Edition, 2002, 41(14):2696－2599.

［3］Tornøe C W, Christensen C, Meldal M. Peptidotriazoles on solid phase:［1,2,3]-triazoles by regiospecific copper(Ⅰ)-catalyzed 1,3-dipolar cycloadditions of terminal alkynes to azides［J］. The Journal of Organic Chemistry, 2002, 67(9):3057－3064.

［4］ Agard N J, Prescher J A, Bertozzi C R. A srain-promoted [3 + 2] azide-alkyne cycloaddition for covalent modification of biomolecules in living systems[J]. Journal of the American Chemical Society, 2004,126(46):15046 – 15047.

［5］ Meng G Y, Guo T J, Ma T C, et al. Modular click chemistry libraries for functional screens using a diazotizing reagent[J]. Nature, 2019,574: 86 – 89.

［6］ Dong J J, Krasnova L, Finn M G, et al. Sulfur(Ⅵ) fluoride exchange (SuFEx): another good reaction for click chemistry[J]. Angewandte Chemie International Edition, 2014,53(36):9430 – 9448.

穿上显示屏：效法自然　超越自然

梁　偲　彭慧胜

梁偲，上海市科学学研究所副研究员，主要从事科技传播、科学普及、战略规划、技术预见方面的研究；曾多次参与上海市科技规划的研究与编制，撰写的专报曾获得市领导的肯定性批示；参与编写的《变局之解》一书获得中国智库索引 2023 年度智库研究优秀成果一等奖；获得第十届上海市决策咨询研究成果奖二等奖等。

彭慧胜，复旦大学特聘教授，中国科学院院士；主要研究高分子纤维器件，在《自然》（Nature）等期刊上发表了 380 多篇论文，出版了 4 部专著/教材；获授权国内外发明专利 100 项，其中 47 项实现了转让转化，产生了良好的社会经济效应；作为第一完成人，获评 2019 年度国家自然科学奖二等奖、2021 年度中国科学十大进展、2022 年国家级教学成果奖一等奖，领衔的 2 项成果入选 2022 年度国际纯粹与应用化学联合会化学领域十大新兴技术。

根据我国的考古发现，我们 5 000 多年前就开始使用高分子纤维材料，也就是大家所熟知的蚕丝，这是我们中华民族为人类做出的伟大贡献。把纤维材料做成织物标志着人类文明的进步。如今 5 000 多年过去了，纤维除了能被做成织物拥有防寒保暖的基本功能之外，它还能被做成什么？或者说你还希望你的衣服拥有什么功能？

出门不想带充电器？没关系，你的衣服就是一个移动的太阳能电池。

骑着车不方便拿手机？没关系，你的衣袖就是一个显示屏，能帮你导航。

聋哑人的沟通能力有限？没关系，一件衣服就能把他们的脑电波采集下来，把他们想说的话实时显示在衣服上，从而使他们能与普通人无障碍地交流，重新融入社会。

这件神奇的衣服甚至能够治病，帮你"飞檐走壁"，你相信吗？这听起来像一部科幻电影中的场景，但在科学家们的努力下，这些情景已经或正在现实生活中逐渐上演。这件神奇的衣服就是智能织物，虽然外观上与常见的纺织物无异，但是兼具发电、发光、变色、储能、传感、显示、计算、通信等功能，在可穿戴设备、物联网、人工智能等领域显示出广阔的应用前景[1]。

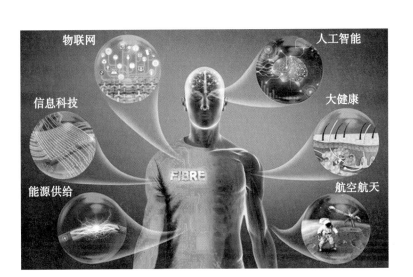

纤维织物器件推动战略领域革命性发展

如何让纤维导电?

　　具有柔性、导电性、高电化学活性的纤维电极是构建纤维电子器件的关键,纤维电极的合理选择有助于实现智能织物的多功能和高性能。一般来说,电子器件都有正极和负极,中间是活性材料,当通电的时候,正极和负极之间会形成电场。在我们的日常生活中,电子器件通常是一个平面,两个平板之间的电场是很均匀的,只要把活性材料涂覆均匀就可以了。而在智能织物中,两根纤维电极之间产生的电场是不均匀的,因为它是一个弯曲的界面。此外,在确保电荷沿长纤维电池长度方向的传输效率以及形变下活性材料与高曲率导电纤维实现稳定相互作用等方面都存在挑战。因此,从平面结构到纤维结构,电极的电场分布、电荷传输和界面均发生明显变化,需要重新研究材料组成和结构设计[2]。

在选择材料时，我们通常会想到两类导电纤维：一类是金属材料，另一类是高分子材料。对于金属材料，在光滑的金属表面涂覆活性层的负载量有限，在连续弯折变形过程中容易发生碎裂导致活性材料脱落。可以通过在金属纤维上加工形成多级微结构、涂覆与刻蚀等方法来提高纤维电极的比表面积和活性层载量，不过金属的质量比较大。

可能有些人会觉得"高分子材料"这个名词比较陌生，但它在我们生活中无处不在。我们常用的薄膜塑料袋就是高分子材料聚乙烯。乙烯是小分子，它有双键。你可以把一个小分子理解成一个小朋友，当小朋友们把手打开，互相牵着手，小分子就变成了大分子，形成一条链，我们把它叫作"高分子链"，由此得到的材料就是高分子材料。值得注意的是，乙烯是气体，"小朋友们手牵手"变成高分子后，它就变成固体了。所以高分子材料不同于小分子，从化学反应到材料设计再到物理性能等可以有非常多的变化。高分子材料应用十分广泛，大家经常看到的很多东西都是由高分子构成的，我们的身体也是由高分子构成的，这非常有趣。高分子材料通常包括塑料、橡胶和纤维等，而高分子纤维已广泛应用于织物中。高分子纤维具有结构设计多样、化学稳定性好、柔韧性高和轻便等特点，但导电性能通常不好，因此我们可以用它与导电性良好的其他材料，如碳纳米管协同构建复合材料。

碳纳米管于 1991 年被人类首次发现。它是一种具有特殊结构的一维材料，即由呈六边形排列的碳原子（每一个点就是一个碳原子）构成的管状结构，其径向尺寸为纳米级，具有良好的导电性。碳纳米管是一个非常有趣的材料，它的质量只有钢的 1/10，但是它的强度是钢的 20 倍。如今我们想把人送到太空中去，一般都是使用火箭。其实还有一种途径，有时出现在科幻小说里，就是"人造太空天梯"。后来也有科学家从理论上推测，可以造一部电梯把人类从地球送到太空中去。但技术上怎么做到？难在哪里？很难的是要有足够长的缆绳连接地球和太空，即找到制造天梯的材料。也许大家会想到耳熟能详的钢丝，但是有一个最重要的参数叫"自支撑长度"，钢丝无法满足要求，当钢丝的长度达到 54 千米时，它就会自己断掉。所以这种材料必须能够克服自重，也就是要足够轻和足够强。根据目前掌握的信息，人们发现碳纳米管可以满足上述要求。这里我们探讨的碳纳米管，典型直径在几纳米，长度在几百微米，碳纳米管之间的相互作用虽然非常弱，但是在纳米尺度上，它的累积效应可以有效地把很小的碳纳米管连接成长纤维。在碳纳米管纤维中，取向和有序的碳纳米管排列结构可以更有效地将单根碳纳米管优异的物理性能扩展到宏观层面，如具有较高的比表面积、力学强度和柔韧性，可以耐受弯曲和拉伸，还具有较高的电导率。因此，碳纳米管纤维是一种较为理想的纤维电极材料。

效法自然——纤维锂离子电池

　　智能织物商业化的重要瓶颈是缺少与之充分集成的供能系统。因为传统的电池或电容器多为二维刚性平面，质量大、体积大，不可穿戴。一维的纤维能源器件质量小、柔性好、可集成、能编织，并且能在织物形变下保持电化学性能稳定，能满足如今各种便携式电子设备的发展需要。

　　过去人们普遍认为，纤维电池的内阻随长度增加而增大，会限制电池往高性能化发展。但后来科学家发现，随着纤维电池长度的增加，其内阻逐渐降低并趋于稳定，呈现独特的双曲余切函数关系。这一发现为纤维电池的连续化制备和应用提供了可能性，经过不断地探索和工艺创新，研究人员研制出了电化学性能优异且稳定的纤维锂离子电池。如今，这样的电池已经面世，并能规模化制备了，取得了从实验室层面到规模化生产的突破[3]。电池的质量能量密度达到128瓦时/千克，能够满足很多生产生活应用的需要。目前可以连续化制备米级的纤维锂离子电池，同时实现在一定长度范围内电池的容量随着长度增加而线性增加，未来这样的纤维会做得更细、更长、更柔软。如果把纤维锂离子电池与无线充电装置结合起来，那么把手机揣在口袋里不用连线，手机就可以自己充电了。一件由纤维锂离子电池制成的衬衣所储存的电量可以把十几部智能手机的电充满。此外，由于纤维有很大的比表面积和高孔隙率，所以它散热特别快，其升温几乎可以忽略，可以长期覆盖在人体皮肤上且让人觉得舒适。做成的衣物即使经过数百次洗涤以及在高温、低温、真空环境和外力破坏（如一部分纤维被切断）等极端条件下，它依然可以稳定供电[4]。

不过，当把电池穿在身上的时候，大家可能会担心它的安全性，例如现在的电池充电时会发热，遇火会燃烧。与传统电池所用的有机液态电解质相比，纤维锂离子电池所用的材料是高分子凝胶电解质（像果冻一样，甚至可以做成全固态），具有更好的安全性能。

这种高分子凝胶电解质在纤维锂离子电池中的应用源于科学家对自然植物的效法：爬山虎与被缠绕的植物藤蔓"如胶似漆"，是因为爬山虎能分泌一种具有良好浸润性的液体，渗透到两者接触表面的孔道结构中，随后液体中的单体发生聚合反应，将爬山虎与被缠绕的植物藤蔓粘在一起。这为解决高分子凝胶电解质难以与纤维电极形成紧密稳定的接触界面，导致电池储能低这一难题提供了很大的灵感。于是，研究团队设计了具有网络孔道和取向孔道的纤维电极，并设计单体溶液，使之渗入纤维电极的孔道结构中。单体发生聚合反应后生成高分子凝胶电解质，从而与纤维电极形成紧密稳定的界面，实现了纤维锂离子电池的高安全性与高储能性能。这一研究成果于 2024 年 4 月 24 日以"基于高分子凝胶电解质的高性能纤维电池"为题发表于《自然》杂志[5]。

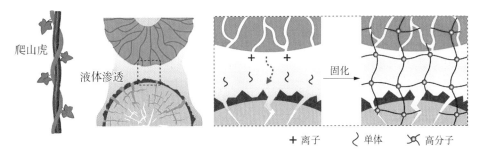

爬山虎对纤维锂离子电池制备的启发

自供电自运行——纤维太阳能电池

在将纤维做成电池且可以充电后，科学家又开始奇思妙想：为什么不充分利用最丰富的能源——太阳能——进行自供电呢？太阳能既清洁，又方便。如今的太阳能电池板还比较笨重，如果将太阳能电池做成纤维就会轻便很多。其实这很简单，只要把光电活性材料和导电的纤维结合起来就可以了，光电活性材料通过吸收光把光能转化成电能，这是太阳能电池的基本原理。如下图中所示，纤维太阳能电池通常采用两种结构：同轴结构和缠绕结构。对于同轴结构的纤维太阳能电池，在一根高曲率的纤维电极表面沉积厚度均匀的多层组分，并且在形变过程中保持多个界面之间的稳定性，这对制备工艺提出了很高的要求；缠绕结构的纤维太阳能电池是将外层电极转换为纤维的形态，活性材料可以分配在两根纤维电极上，降低了多层活性材料制备的工艺难度，是目前纤维电池较广泛采用的一种结构。

纤维太阳能电池的同轴结构和缠绕结构

表征太阳能电池的一个最重要的参数是光电转化效率，即光有百分之多少转化成电，现在纤维太阳能电池的最高光电转换效率已经超过 12%。纤维太阳能电池要做成衣服的话，在使用过程中不可避免地会发生弯折，而在弯折过程中它的光电转化效率可以保持不变（即使是在弯折 1 000 次以后）。如果一件衣服的 80% 用纤维太阳能电池编织，每天产生的电能可以把 36 部手机的电充满，能够满足大部分的生活需求。当然，它还可以为智能手环、心率监测仪、血氧仪等可穿戴电子设备连续、有效地供电，实现自供电自运行。这不仅引起了工业界的兴趣，时装界也特别感兴趣，他们认为"智能＋时尚"会是可穿戴式技术发展的未来趋势。也许只需 5～10 年，这种可发电的太阳能电池衣服就可以出现在我们的生活中。

把医院带回家——纤维生物传感器

如果把每一根纤维都做成传感器，那么我们就可以随时随地享受体检服务。例如，通过设计活性材料，让每一根纤维对一个生理指标进行检测。当你运动出汗时，穿在身上的衣服就可以分析汗液的化学成分，从而实时监测身体的健康状态。当纤维传感器做得足够柔软的时候，还可以像毛发一样植入身体，甚至是脑部，能够检测很多生理指标。这样的纤维传感器可以用注射器植入身体，很方便，也不会造成任何创伤，当然植入前传感器必须通过从细胞层面到组织层面的生物安全性验证。如果把不同功能的纤维传感器结合起来形成一束大的纤维在末端进行传感，就可以实现动态全方位监测。举例来说，目前血糖检测做得最好的是贴在皮肤上进行检测，但两周是它的使用极限。未来植入式纤维传感器可以使用几个月甚至更长时间，出汗、洗澡等都不会对它产生影响，通过这种完全不影响生活的方式就可以实现血糖的常态化监测。

穿出与众不同——变色和发光纤维

变色龙为什么能变色？事实上，变色龙的皮肤上有很多微结构，这些微结构在发生刺激时会进行调整和改变，从而显示不同的颜色。实际上有很多高分子材料都会变色，如聚丁二炔由于其独特的主链结构，在外界给予热刺激时构象会发生变化，从而带来颜色的变化。

可以看出，通过设计不同的材料结构，我们可以让纤维导电，也可以让它变色，甚至还可以让它发光。在纤维电极表面涂覆一层能够发光的高分子活性材料，再在外面缠绕一层取向的透明碳纳米管薄膜作为另一个电极，就能得到发光纤维。发光的强度和颜色都可以通过结构设计来调节。例如，如果刚出生的婴儿得了黄疸，一般会把他放在一个能发蓝光的箱子里进行治疗。如果将能发蓝光的纤维做成毛毯，那么只要将毛毯裹在婴儿身上就可以进行治疗了，既方便又安全，也不会对母亲造成与宝宝分离的心理伤害。当然，这样的发光纤维还可以治疗皮肤病。未来发光纤维也许能在很多与光治疗相关的疾病中大展身手。

迈向智能时代——可穿戴显示器

随着物联网、大数据、5G、虚拟现实等新兴技术快速发展，以及各种电子设备朝着微型化和高度集成化的方向发展，可贴合皮肤、适应复杂形变的新型柔性可穿戴显示器的应用前景将越来越广阔。例如，智能手表已经成为人们在健身跑步时的标配，但那小小的一块屏幕实在是难以让人看清上面的文字。现在，科学家已经研制出可以直接在衣服上显示的电子屏，它们可以随着人的动作和环境的变化而延展、扭曲，且不会对内容的显示造成影响，这样的显示屏将会引领可穿戴电子设备走向新时代。

但是，要研制这样的显示器需要克服很多技术难题。领域内的主流研究是将焦点放在柔性薄膜显示屏上，但也有科学家直接指向做衣服的纤维本身！就是说把纤维这种一维材料变成具有电子显示功能的器件，让可穿戴显示器真正做到像衣服一样穿在身上，轻薄、透气，可贴合在任何不规则的基底上。

最早的显示器件是阴极射线管显示，它广泛用于电视和之后的计算机系统。后来显示器件做得越来越薄，就变成了显示屏，如液晶显示、有机发光二极管。随着技术的发展，显示屏如今已经可以弯曲，用在了可折叠手机上，但是这种折叠只是一个方向上的，也就是说这种可折叠的柔性是相对的。如果想要做成衣物，必须要保证显示屏足够柔软，且任意形变都不会影响显示的功能。显示器件经过多年的发展，经历了从厚到薄，从硬到软，从三维块体到二维薄膜的转变，而如今，科学家正在探索其结构从二维向一维的转变。

　　发光纤维是线状光源，将发光纤维编入织物中只能显示特定的编织图案，无法在织物上实现如同手机、计算机屏幕一样的像素点显示，显示信息有限将会限制其在可穿戴设备上的应用。我们知道，织物是由经线和纬线编织而成的。织物的经纬交织结构与平面显示器中的像素阵列类似，这启发了科学家在经纬交织点处构建微型发光器件的想法。在编织过程中，每根经线和纬线都会有一个交织点。两根纤维在编织过程中产生的张力会让它们的交织点变得紧密，如果我们在纤维表面涂上发光的活性材料，通电时交织点的位置就会发光，这样就实现了一个像素点的显示[6]。织物通常会有很多交织点，这些交织点就能形成可显示的屏幕。其中一个非常重要的参数是分辨率，在织物显示屏中，分辨率可以通过交织点来调控——编制得紧密一点，分辨率就高；编织得稀疏一点，分辨率就低。当穿上这些纤维编织的衣物时，你就可以在衣服上看电视和电影了，是不是非常地简单和方便？

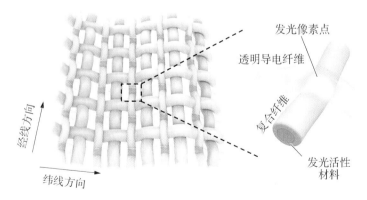

织物显示器件结构示意图

　　再来看一些实用有趣的应用场景。例如，骑着电动车送外卖的小哥不可能对所有的路线都很熟悉，但拿着手机进行导航十分不安全。这时我们可以在衣服的袖子上设计一个可导航的显示屏，如果我们再把打电话和发信息的功能集成到显示屏上，那么未来手机的形态会发生根本的变化。

再比如，我们去国外旅游，穿着一件能帮你翻译外语的衣服真的是太方便了，特别是对于一些小语种国家。你说中文，它可以任意切换成世界上任意一种语言，这样的话，也许我们真的不用学习英语了，也不用学习任何其他语言就可以实现实时、有效的沟通。

另外一个更能造福社会的例子是：我们生活中有一些特殊人群，如不能说话的聋哑人，如果我们为他们量身定制一件衣服，通过采集脑电波把他们想说的话显示在衣服上，他们立刻就能与外界正常、实时地交流了。全世界这部分人群的数量还不少，如果能从根本上解决他们的问题，那么他们就能更好地融入社会。当然，这些人机交互的功能还需要计算、传感、通信、供能等系统的协同运转才能实现。

结语

上述提到的种种应用都让我们看到科技将如何改变人类生活。研究人员创建出的织物显示系统颠覆了人们对传统显示器件和纺织品的认知，被评述为"代表智能织物长期研究和世界电子织物领域一个卓越的里程碑"，这将有力地推动产业变革。当然，要想进一步商业化和产业化，成为市场上能买到的商品，除了在技术上需要攻关以外，成本也是必须要考虑的问题。只有降低成本，才能实现大规模生产，而其中生产线的建立很重要。目前纤维锂离子电池的生产线已经建立，相关产品已开始获得应用，但纤维太阳能电池生产线的建立可能还需要5～10年的时间。未来的智能纤维材料与器件也许还可以实现更多的功能，这需要科学家和工程师进一步创新，来推动人类生活与社会的进步。

参考文献

［1］ Xu X J, Xie S L, Zhang Y, et al. The rise of fiber electronics［J］. Angewandte Chemie, 2019,131(39),13778 - 13788.

［2］ Chen C R, Feng J Y, Li J X, et al. Functional fiber materials to smart fiber devices［J］. Chemical Reviews, 2023,123(2):613 - 662.

［3］ He J Q, Lu C H, Jiang H B, et al. Scalable production of high-performing woven lithium-ion fibre batteries［J］. Nature, 2021,597:57 - 63.

［4］ 江海波,廖萌,常英凡,等.纤维储能电池的设计和应用［J］.高分子学报,2023,54(6):892 - 909.

［5］ Lu C H, Jiang H B, Cheng X R, et al. High-performance fibre battery with polymer gel electrolyte［J］. Nature, 2024,629: 86 - 91.

［6］ 施翔,王臻,彭慧胜.织物显示器件的研究进展［J］.纺织学报,2023,44(1):21 - 29.

电子束光刻：构筑纳米世界

陈宜方

陈宜方，复旦大学信息科学与工程学院教授，博士生导师，1995 年获得英国牛津大学凝聚态物理学博士学位，2012 年入选国家海外高端人才引进计划，2018 年起享受国务院政府特殊津贴；自 1990 年起长期从事电子束光刻纳米制造技术的研发及其在前沿科技领域的应用性研究；2003—2012 年担任英国卢瑟福·阿普尔顿实验室纳米科技高级科学家，后晋升为首席科学家，其间分别主持了英国技术战略委员会 (TSB) 纳米技术、英国工程与物理学研究理事会基础技术 (EPSRC BT) 重大项目以及欧盟玛丽·居里行动计划项目；目前在主持的上海市"科技创新行动计划"科学仪器领域项目、国家自然科学基金重点项目和国家重大科研仪器研制课题等多项省部级项目中，解决了我国同步辐射 X 射线显微镜关键部件"卡脖子"技术（2023 年）；发明了新型红外短波硅基光电探测器（2019 年），并成功研制了红外偏振光电探测器陈列（2021 年）；在 SCI 期刊发表科研论文 170 篇，获国内技术发明专利授权 10 项；长期担任国家自然科学基金委、科技部专项、"长江学者"和"四青"评审专家，担任爱思唯尔（Elsevier）传统期刊《微电子工程》（*Microelectronic Engineering*）的副主编。

奇妙的纳米世界是指由数个到数百个原子组成的、尺寸在 1～100 纳米范围内，并具有崭新功能的物质结构。历史上由于缺乏纳米制造技术，该尺寸范围内所发生的自然现象一直是科学认知的盲区。20 世纪 80 年代，以计算机为代表的信息技术、材料生长技术和高精密仪器设备的发展，催生了纳米科技。其中，电子束光刻作为一种先进纳米制造技术，为科技人员创造了形形色色的纳米结构和器件，构筑了一个包罗物理、化学、生物等众多学科的丰富多彩的纳米世界。

电子束光刻，顾名思义，是采用具有一定动能（1 万～10 万电子伏特）和束电流（100 皮安～200 纳安）的聚焦电子束来取代传统光刻中的光线，对预先涂敷在衬底表面的光刻胶（最常用的如聚甲基丙烯酸甲酯，即 PMMA）进行曝光和显影，实现纳米尺度的图形化。如下图（a）所示，一般情况下，聚焦电子束斑点尺寸在 7～10 纳米之间。与光线光刻相比，在工艺流程上，两种光刻过程完全一致兼容；在曝光方式上，两者之间在光刻板的使用和最小线宽的光刻能力上存在差异。电子束光刻拥有如下一系列得天独厚的技术优势：①高分辨率——可以比较容易地实现亚 10 纳米的光刻线条；②高灵活性——由于无需光刻板，因此光刻图形可以按照需求随时调整；③高稳定性——当前专业电子束曝光机性能高度稳定，使得电子束光刻的工艺窗口稳定可控；④高可靠性——光刻性能重复性和可靠性都非常优秀。然而，电子束光刻的单点串写曝光模式，也为它带来了一个重要缺陷：图形化速度慢，导致产量低，不适用于半导体生产的大规模制造。

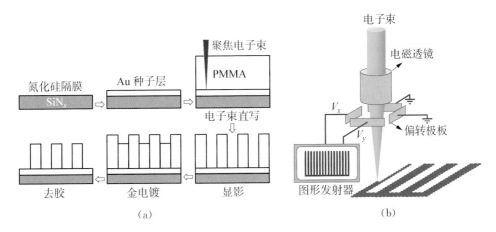

电子束光刻工艺流程（a）和曝光机的单点串写概念图（b）

电子束光刻应用纵览

电子束光刻拥有的强大光刻功能及高灵活性和高稳定性，使得该技术在纳米科学基础研究领域和纳米技术的发展等方面有着极其广阔的应用范围。下图概括了电子束光刻在（但不限于）基础科学研究、纳米光刻技术和高端制造三大领域的用武之地。

基础科学研究包括纳米物理（纳米光子学、超构表面材料的光场调控、纳米电子学、新型纳米光热电效应、量子输运、量子计算和通信），纳米结构与器件（二维材料的光学、电学以及输运特性），纳米生物化学，纳米仿生

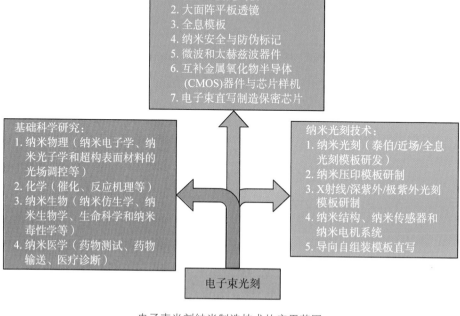

高端制造：
1. 纳米尺度光刻板
2. 大面阵平板透镜
3. 全息模板
4. 纳米安全与防伪标记
5. 微波和太赫兹波器件
6. 互补金属氧化物半导体
   (CMOS)器件与芯片样机
7. 电子束直写制造保密芯片

基础科学研究：
1. 纳米物理（纳米电子学、纳米光子学和超构表面材料的光场调控等）
2. 化学（催化、反应机理等）
3. 纳米生物（纳米仿生学、纳米生物学、生命科学和纳米毒性学等）
4. 纳米医学（药物测试、药物输送、医疗诊断）

纳米光刻技术：
1. 纳米光刻（泰伯/近场/全息光刻模板研发）
2. 纳米压印模板研制
3. X射线/深紫外/极紫外光刻模板研制
4. 纳米结构、纳米传感器和纳米电机系统
5. 导向自组装模板直写

电子束光刻

电子束光刻纳米制造技术的应用范围

学，纳米生物学，纳米医疗诊断与保健等。

几乎所有的纳米光刻技术都需要采用电子束光刻为其制造光刻板或光刻模具，包括光线光刻（全息/干涉光刻、深紫外/极紫外光刻、灰度光刻、X射线光刻、近场光刻、泰伯光刻）和纳米压印光刻，等等。

在高端制造方面也能够处处找到电子束光刻的用武之地。然而，由于电子束光刻纳米制造成本高、产量低，其生产制造仅仅适合于高价值、低产量的产品，比如，定制光刻板的制造、微波和太赫兹波器件的纳米尺度 T 形栅直写、保密芯片的制造、高级别防伪码的制造和军工生产等。举个很好的案例：国内外大多数半导体芯片生产企业都拥有电子束光刻设备，目的是通过电子束直写来生产研发阶段的新一代芯片样机，做性能测试表征，从而可以有效避免在生产线上对于研发试验芯片的高费用流片。

电子束光刻的神奇纳米制造案例

将电子束光刻与传统的半导体工艺技术相结合，形成了基于电子束光刻的纳米制造工艺流程和体系[1]。下面将用具体的纳米制造应用案例来向大家展示：①制造纳米尺度的结构与器件的原因；②电子束光刻纳米制造的交叉应用的深度与广度；③电子束光刻纳米制造的神奇之处。

小就是美！

早在 1959 年，美国加州理工学院物理学家理查德·范曼（Richard Feynman）在他的被誉为"20 世纪最经典的科学报告"的《在底层有充足的空间》中指出：在原子组成的分子结构"底层"按照新的理论和规则组成崭新的纳米结构，可以创造出自然界不存在的新材料，该材料拥有崭新的特性，将为人类在能源、制造、环保、医疗、安全和通信等领域带来新的突破，解决现有技术无法解决的科技难题。范曼的这篇报告明确阐明了"小就是美"这一纳米科技的真正内涵和理念。自 20 世纪 60 年代发展起来的自上而下的电子束光刻纳米制造技术，创造出了一系列形形色色的新型纳米结构、器件和系统，解决了自下而上的原子组装技术存在的效率低的难题，推动了 20 世纪 80 年代兴起的纳米科技的蓬勃发展。下图给出了一些典型的电子束光刻纳米图形和结构。

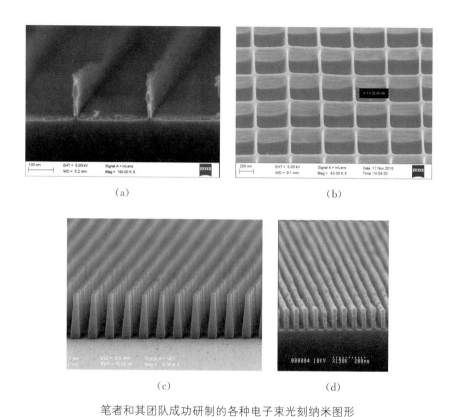

（a）　　　　　　　　　　　　　　（b）

（c）　　　　　　　　　　　　　　（d）

笔者和其团队成功研制的各种电子束光刻纳米图形
（a）宽度为 10 纳米的大高宽比 PMMA 光刻线条；（b）20 纳米宽、500 纳米高的 PMMA 网状
结构；（c）具有增透功能的环氧基光刻胶立柱阵列；（d）宽 30 纳米、周期为 60 纳米和高
150 纳米的光刻胶光栅

　　2008 年，当笔者作为纳米科技首席科学家在英国卢瑟福·阿普尔顿实验室工作期间，收到英国国家广播电台牛津频道的邀请：为了庆祝该频道开辟 Science 栏目 10 周年，要用电子束光刻技术，将"BBC""STFC"和"Science matters"等字样刻写在蜜蜂的体表绒毛上，以展示先进纳米制造的威力。蜂毛跟人类的头发一样粗，为 80～100 微米。下图是采用电子束在蜂毛上刻写纳米尺度文字的扫描电镜照片。这个技术的震撼之处就在于：小就是美！

（a）

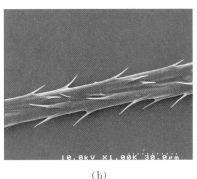
（b）

（c）

在蜂毛上刻字
（a）蜜蜂的照片；（b）蜂毛扫描电镜照片；（c）运用电子束光刻技术在蜂毛上刻写出
纳米尺度的文字

史上最小的纳米图章

然而，与大规模生产相比，电子束光刻本身也存在着速度慢、产量低的缺陷。为此，在美国明尼苏达大学工作的华人科学家周郁于 1995 年发明了纳米压印光刻技术，开辟了一条低成本、大规模制造纳米结构和器件的新路径。尽管如此，纳米压印模板制造仍是这个技术发展的瓶颈之一。电子束光刻纳米制造技术很好地突破了这个技术瓶颈。下图展示了笔者及其学生们制造的各种纳米尺度的压印模板。其中，分图（a）所展示的是制作在硅衬底上的复

旦大学校徽压印模板，其直径约为 3 微米，边框线条宽度为 120 纳米，高度
为 300 纳米，应该是史上最小的纳米刻印图章！

（a）　　　　　　　　　　　　　　　（b）

（c）　　　　　　　　　　　　　　　（d）

用电子束光刻分别在硅和碳化硅上制造的各种各样的纳米压印模板
（a）在硅材料上制作的压印图章；（b）～（d）各种不同功能的纳米压印模板

科学巨人的纳米肖像画

前文"小就是美！"一节中所展示的所有电子束光刻图形都是二维的，即
每个图形的侧壁都是垂直的。利用电子束曝光在光刻胶中不同空间位置的电
荷剂量梯度可以实现三维图形，称为"电子束灰度光刻"。下图所展示的是一
些典型的具有一定规则的三维结构，如闪耀光栅和多台阶结构等。

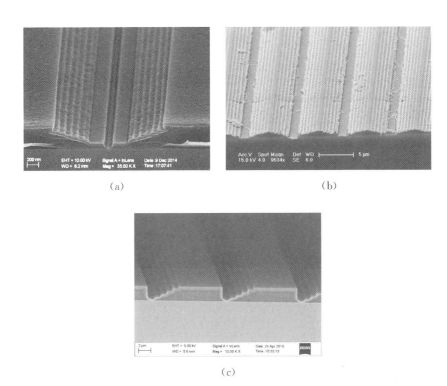

（a）　　　　　　　　　　（b）

（c）

用电子束灰度光刻生成的三维纳米结构：各种台阶和闪耀光栅

　　然而，也可以用电子束这支纤细"神笔"，按照原图像在纳米尺度层面刻画出三维图形。下图展示的是笔者的学生们运用电子束灰度光刻成功生成的科学巨人纳米肖像画。

（a）　　　　　　　　　　（b）

（c）

笔者的学生们用电子束灰度光刻生成的科学巨人的纳米肖像画
（a）、（b）爱因斯坦的纳米肖像画；（c）复旦大学前校长谢希德先生的纳米肖像画

拓展阅读 ▪▪

电子束光刻纳米艺术

　　电子束是一支纳米级粗细的笔，而电子束曝光所采用的单点串写模式，犹如一个画家手握一支精细之笔，向你描绘一个充满艺术色彩的纳米世界。

"仪仗队"

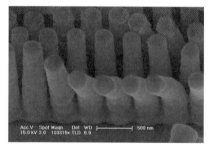

"欢迎光临！"

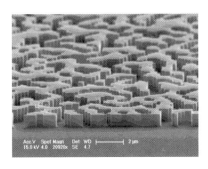

"迷宫"

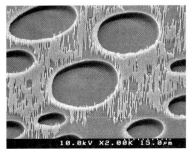

"纳米水"

"沼泽地"

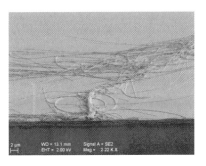

"三千烦恼丝"

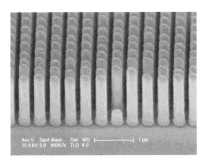

"鸡立鹤群"

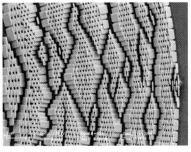

"麻将和了!"

"超分辨透镜"

"纳米光盘"

"出土的千年校徽"

"一个萝卜一个坑"

"出轨"

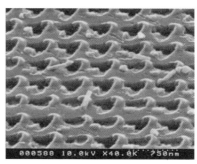

"风吹麦浪"

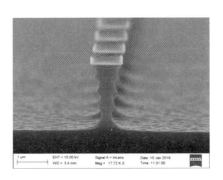

"凯旋的神杯"

揭示南美闪蝶蓝色翅膀的世纪之谜

自然界中的许多晶体矿石、动物身上的某些组织（变色龙皮、鱼鳞、孔雀羽毛）和植物（花卉）等，展示的各种斑斓的颜色（如下图所示），实际上并不是材料的色素所造成的，而是由其内部一些周期性排列的纳米结构对光的散射、衍射、折射和反射等综合作用形成的，称为"结构色"。其中，最具代表性的莫过于著名的南美闪蝶翅膀所发出的耀眼的蓝色［如下图（c）所示］，"闪蝶"之名由此而来。

(a)　　　　　　　　　　　　　　　(b)

（c）　　　　　　　　　　　　（d）

自然界中动植物呈现的各种颜色
（a）蜥蜴；（b）红锯蛱蝶；（c）南美闪蝶；（d）南美闪蝶翅膀截面的透射电镜照片，显示
出垂直排列的周期性光栅结构[2]

纳米光子学的基本原理指出：任何材料发出某种闪亮的颜色都必须是具有方向性的，即只能在某一个方向才能显示出耀眼的亮度。南美闪蝶的翅膀却在一个广大的视角范围内都显示出耀眼的蓝色，有悖于最基本的光学原理。这种奇异的光学特性吸引了世界各地的科学家们，并促使他们展开了大量的科学研究。300多年前，荷兰科学家列文虎克（Leeuwenhoek）和英国科学家牛顿（Newton）分别对南美闪蝶的蓝色之谜做过研究。牛顿曾预言：南美闪蝶的翅膀上肯定具有周期性的光栅结构。但对于这种光栅究竟是如何排列使得蝴蝶翅膀在各个方向都发出闪亮的蓝色，牛顿没能给出任何解释。直到20世纪30年代透射电子显微镜被发明，科学家获得了闪蝶翅膀的内部结构，终于揭开了这个世纪之谜。然而，闪蝶翅膀内部竖直排列的光栅结构给其纳米仿制带来了难题。长期以来，科学家们只能用这种天然翅膀作为模具，用材料浇筑的方法来仿制闪蝶的翅膀结构，进行光学基础研究。

笔者团队采用电子束在多层胶里做穿透曝光的创新工艺，成功仿制出了南美闪蝶翅膀上的竖直光栅结构，获得了同样的闪耀的蓝色，如下图所示；并用对外来入射光的准多层反射模型，定量解释了南美闪蝶的耀眼蓝色之谜，也为人工仿制蝴蝶翅膀研发了纳米制造技术路线[3]。

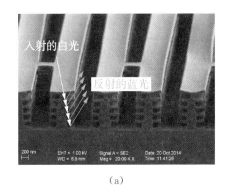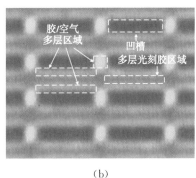

（a）　　　　　　　　　　　（b）

笔者团队运用电子束光刻纳米制造技术成功仿制了南美闪蝶的翅膀结构，并且观察到了这种结构反射出的蓝光

（a）成功研制的竖直光栅；（b）在仿制的闪蝶翅膀表面观察到的蓝色结构

微波/太赫兹波器件的构筑艺术

微波（1～300吉赫兹）和太赫兹波（0.3～10太赫兹）技术在通信、雷达成像、安检、传感、环境监测和医疗诊断等领域有着重要的应用。在如此高频下工作的半导体器件如晶体管等，其内部的关键结构（栅电极）不仅在尺寸上必须处于纳米范围，而且栅电极的几何结构必须是T形，如下图所示。采用电子束光刻来实现这样的T形栅电极是国际上各个发达国家竞相研发的

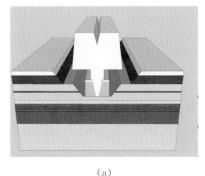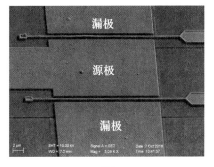

（a）　　　　　　　　　　　（b）

(c)　　　　　　　(d)　　　　　　　(e)

笔者团队运用电子束光刻纳米制造技术成功研发研制的高频半导体晶体管的 T 形栅电极
（a）应用于微波/太赫兹通信的高电子迁移率晶体管示意图；（b）成功研制的 InP‐InGaAs/
InAlAs 高电子迁移率晶体管；（c）～（e）晶体管内的各种 T 形栅

高端制造技术。笔者团队用双层胶工艺，成功研发制造了各种形貌的 T 形栅。其中，最短栅极的尺寸为 10 纳米，处于国际领先地位。

同步辐射 X 射线光学透镜的匠心之作

同步辐射 X 射线光源是典型的大科学装置，我国大陆已经建设运行的有 3 个，分别在北京、合肥和上海。目前，我国又分别在北京怀柔、安徽合肥和广东东莞建设新一代同步辐射光源。下图是 2009 年竣工运行的坐落在上海浦东张江高科技园区的同步辐射装置，简称"上海光源"。这些大科学装置发射的高质量和高亮度的 X 射线在材料分析、工业检测、纳米结构探测、生物、医疗诊断、新能源开发和考古等各个领域有着极其广泛的应用，是解决一系列重大基础科学问题的国之重器。

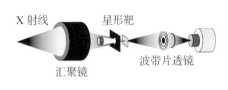

X射线　　星形靶

汇聚镜　　波带片透镜

（a）　　　　　　　　　　　　　　　（b）

上海同步辐射光源大科学装置及其光学显微系统

（a）上海同步辐射光源鸟瞰图；（b）X射线线站上建设的X射线显微成像光学系统概念图，其中的波带片透镜是X射线纳米探针的关键核心部件

　　然而，X射线聚焦和显微成像光学系统中的关键光学部件——聚焦透镜（波带片透镜）需要高端纳米制造技术来实现。由于我国纳米制造技术相对于发达国家起步较晚，在2013年之前，所有这些光学部件全部依赖从国外进口，使得我国相关重大基础研究的发展受制于他人。笔者团队自2013年以来，努力研发电子束光刻制造工艺，终于成功研制了具有国际先进水平的X射线波带片透镜及其配套部件。下图展示了笔者团队用电子束光刻纳米制造工艺成功研制的分辨率为15～100纳米的分辨率测试卡（星形靶）。

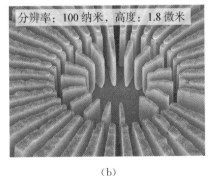

（a）　　　　　　　　　　　　　　　（b）

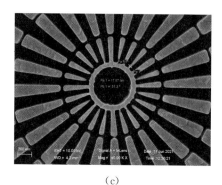

（c）

笔者团队运用电子束光刻纳米制造工艺研制的各种具有大高宽比的分辨率测试卡
（a）整块测试卡；（b）分辨率为 100 纳米，高度为 1.8 微米；
（c）分辨率为 15 纳米，高度为 600 纳米

下图展示了笔者团队自 2013 年以来研制 X 射线波带片透镜的技术发展历程。通过十年磨一剑的努力，我们从最早的 200 纳米分辨率透镜发展到当前具有国际先进水平的 15 纳米透镜，为国家解决了一个重大科技难题[4-5]。

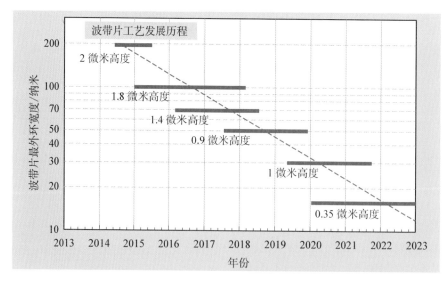

笔者团队自 2013 年以来，独立自主研发电子束光刻纳米制造工艺，
成功研制的 X 射线波带片透镜水平随时间的发展历程

下图展示了笔者团队成功研制的分辨率为 15～200 纳米的 X 射线波带片透镜，为上海光源、中国科学院高能物理研究所的同步辐射中心以及全国高校、研究所和高技术公司等提供了各种各样的 X 射线透镜和相关光学部件[4-6]。

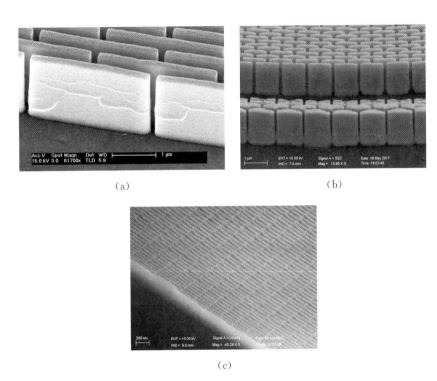

（a）　　　　　　　　　　　（b）

（c）

笔者团队运用电子束光刻纳米制造技术成功研制的各种分辨率波带片透镜
(a) 200 纳米；(b) 70 纳米；(c) 15 纳米

结语

电子束光刻技术起始于 20 世纪 60 年代，属于一门古老的图形转移技术。但从 20 世纪 80 年代起，材料生长、精密仪器和纳米制造技术的发展，赋予了电子束光刻新的生命力。当前，基于电子束光刻的纳米制造技术已经发展为一门功能极其强大的高端制造技术。它几乎无所不会、无所不能，为我们创造了形形色色、丰富多样、充满艺术气息的纳米结构，作为推动当今纳米科学和纳米技术发展必不可少的核心技术，在极其广阔的基础研究领域和高端技术发展等方面发挥着举足轻重的作用。然而，电子束光刻纳米加工属于匠心制造。尽管当前全国高校和科研院所已经装备有不少于100台专业电子束曝光机，但高水平成果的产出仍远未达到预期规模。要真正全面掌握这门高端制造技术，使其更好地为我们的纳米科技发展服务，必须发扬工匠精神，踏踏实实、兢兢业业地潜心钻研，不断丰富工艺经验。只有通过长期的技术沉淀和积累，才能够胜任各种复杂纳米结构和器件的创新与制造工作。希望有更多的年轻人能够喜欢并立志终身投入电子束光刻制造这一领域，为推动我国先进纳米制造的发展贡献我们的力量。

参考文献

［1］ Chen Y F. Nanofabrication by electron beam lithography and its applications: a review[J]. Microelectronic Engineering, 2015, 135:57 - 72.

［2］ Vukusic P, Stavenga D G. Physical methods for investigating structural colours in biological systems[J]. The Royal Society Publishing Interface, 2009, 6 (Suppl 2):S133 - S148.

［3］ Zhang, S C, Chen Y F, Lu B R, et al. Lithographically-generated 3D lamella layers and their structural color[J]. Nanoscale, 2016, 8(17):9118 - 9127.

［4］ 陈宜方. X射线衍射光学部件的制备及其光学性能表征[J]. 光学精密工程, 2017, 25(11):2779 - 2795.

［5］ 陈宜方. 电子束光刻研制高分辨X射线波带片透镜最新进展[J]. 光学学报, 2022, 42(11):74 - 88.

［6］ Tong X J, Chen Y F, Mu C Y, et al. A compound Kinoform/Fresnel zone plate lens with 15 nm resolution and high efficiency in soft x-ray[J]. Nanotechnology, 2023, 34(21):215301.

二维材料：开启半导体材料新纪元

张远波　夏轩哲　阮　威

张远波，复旦大学物理学系教授，2000 年毕业于北京大学，2006 年获美国哥伦比亚大学博士学位，2006 年至 2009 年在美国加利福尼亚大学伯克利分校做博士后研究，2010 年在美国 IBM 阿尔马登研究中心（IBM Almaden Research Center）做博士后研究；长期从事新型二维材料、器件的制备和量子物性研究，近年来主要致力于新型二维半导体材料、二维磁性和高温超导材料、二维拓扑材料等方面的研究工作；2016 年获得首届中国优秀青年科技人才奖，2020 年入选第二届"科学探索奖"50 位青年科学家，获得 2020 年度中国物理学会叶企孙物理奖（凝聚态物理），2023 年获批首批"新基石研究员项目"。

夏轩哲，复旦大学自然科学试验班 2022 级学生

阮威，复旦大学物理学系青年研究员

我们的时代是硅的时代。小到可佩戴的运动手环，大到每秒计算超过 10 亿亿次的超级计算机神威·太湖之光，都依赖硅基集成电路进行计算。随着几十年来集成电路的发展，硅基元件的性能潜力已经隐隐可以看到尽头。

随着传统半导体器件微型化达到物理极限，摩尔定律也似乎走到了尽头，传统材料难以满足未来大数据时代日益增长的计算需求。可喜的是，二维材料的研究为我们指出了一条芯片发展的新道路。二维材料以其独特的优势，成为有希望取代传统硅基半导体材料的候选者之一。此外，二维材料也展现出了诸如拓扑、强关联、超导等新奇的物理效应，近年来的研究还发现这些新奇物性可以被大范围、精准地调控。二维材料已经成为研究凝聚态物理的绝佳平台，其基础研究有可能成为破解芯片性能发展瓶颈的关键。

接下来我们将从半导体行业的历史发展讲起，逐渐向读者展示新型二维材料在芯片制造和基础物理研究中的巨大潜力。

半导体器件的崛起

计算简史：从结绳记事到电子计算机

计算是人类生产生活中最重要的工作之一，计算工具（计算机）

的发展贯穿了人类的发展历史。从远古时代的结绳记事，到中国古代的算盘，再到近代的电机械加密计算机恩尼格玛（Enigma），都是利用机械结构来存储数据并进行计算。机械计算的出现自然是人类文明的一大飞跃，但是计算速度仍然受到机械结构的限制，而且计算仍然脱离不了人的实时操作。

如何提高计算机的速度成为人们关注的一个重要问题。20世纪之前的基础物理研究给新型计算机的发展找到了一个足够高速的计算载体：电信号。理论上电信号（电流或电压）的改变速度取决于电磁场的传播速度，在理想条件下甚至可以接近光速。如果我们将电流的连通与断开，分别人为地编码为1与0，就可以存储二进制信息，从而解决机械开关速度慢的问题。

早期的电子计算机原件：真空管

如何快速控制电流的开关呢？大家比较熟悉的可能是采用继电器或者干簧管，但是继电器或干簧管的机械结构不可能实现电子计算机所需的高速。在探索中，科学家发明了利用外界电压变化控制电流的元件——真空管。

真空管的原理很简单：科学家在一个类似白炽灯泡的真空室中插入通电

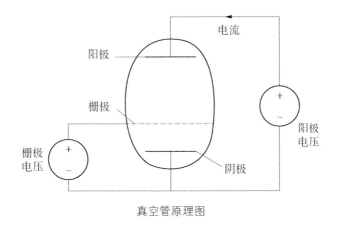

真空管原理图

加热的灯丝，阴极处的热灯丝会发出稳定的电子流。此时在电子流中间、接近阴极的地方加上一个网格状的电极（栅极），当电极处于大小合适的负电位时，电子被"卡"住，真空管不导通；当电极处于大小合适的正电位时，电子通过，真空管导通。这样便实现了仅用电极的电压变化来控制电流。

这样设计的真空管材料简单、体积很小，非常适合集成化。接下来，如何让多个真空管一起工作，进行必需的运算呢？这需要引入现代计算机的"逻辑控制"概念。

计算机的逻辑控制

人的参与很大程度上制约了早期计算机的速度和准确度。新型电子计算机的革新建立在"逻辑控制"原理上，即将一般运算分解为简单逻辑运算，例如"与"（AND）、"或"（OR）、"非"（NOT）的组合，允许其自动运行。

重新考虑上面介绍的真空管。当栅极为负电位时，真空管不导通，没有电流流过；当栅极为正电位时，真空管导通，有电流通过真空管。栅极的正负电位与真空管的导通与否刚好可以构成一个"非"的关系。我们还可以巧妙地设计其他的电路，实现更复杂的逻辑运算。

半导体的崛起

复杂的计算需要更大规模的真空管电路，此时电路的耗电量和体积成了大问题。1947 年，巴丁（Bardeen）、布拉顿（Brattain）、肖克利（Shockley）三位科学家发现，他们研制的晶体半导体器件（晶体管）可以通过一部分微量电流控制另一部分流过的大电流。半导体元件能以更小的尺寸实现与真空管相似的功能，从而引发了集成电路历史性的飞跃。三位科学家也因发明晶体管获得了 1956 年的诺贝尔物理学奖。

为什么我们需要不断增大电路的规模？这里其实有物理定律的支撑。1974 年，罗伯特·登纳德（Robert Dennard）发表了其著名的缩放比例定律[1]。登纳德基于对缩放前后电路的分析发现，若将晶体管的尺寸按比例缩小，则计算机的性能会按相应比例提高。因此，缩小晶体管的尺寸从而提高集成度成为工程上的迫切需求。

缩放比例定律的发现直接促成了英特尔公司创始人之一的戈登·摩尔（Gordon Moore）对半导体产业的一个观察：集成电路上可以容纳的晶体管数目，每经过约 18 个月便会增加 1 倍。这就是著名的摩尔定律。因此，处理器的性能大约每 2 年翻 1 倍，同时价格下降为之前的一半。

我们在生活中可以深刻地体会到摩尔定律的威力：每过 1～2 年，手机、计算机等电子产品的计算能力就会突飞猛进。仅仅过了 20 多年的时间，华为新发布的手机单位时间的计算能力就已经超过当年的超级计算机——深蓝。目前我国新研发的超级计算机——神威·太湖之光——每秒的计算能力已经达到 10 亿亿次。

由此看到，以晶体管为基础的集成电路代表了人类工程的奇迹。现如今，在一个芯片上，人们已经可以集成几十亿个晶体管，每一个晶体管的加工精度可以达到几十个原子的级别，这几乎达到了人类工程技术的极限。IBM 在 2021 年公布的新工艺，即采用 4 个门电极包裹半导体薄片的方式，将技术提高到了 2 纳米级别（注意这里的 2 纳米并不代表芯片晶体管的真正尺度，而是技术代号，晶体管的真正尺度仍然停留在十几纳米左右）。

制造这样微小的器件，需要高超的表面微纳加工技术。这个技术的核心就是极紫外线（EUV）光刻机。EUV 光刻机使用波长为 13.5 纳米的极紫外光进行加工，这样才能达到芯片要求的 10 纳米级的加工精度。中国现在面临的问题是：世界上最先进的 EUV 光刻机对中国禁运，且国内暂时无法生产。这直接造成了严峻的芯片"卡脖子"问题。想要解决"卡脖子"问题，必须由中国的科研人员共同努力，早日实现 EUV 光刻机的国产化。

摩尔定律危机

摩尔定律预言的计算机性能的指数增长会一直成立吗？从当今硅基器件的发展来看，摩尔定律已然达到其瓶颈。随着单个器件尺寸减小，集成电路的总发热功率逐渐变得不可忽视。家用计算机的中央处理器（CPU）运行时需要通过水冷、风冷等精心设计的措施散热。超级计算机更是常常要建在天然水域附近以确保良好的散热。散热问题直接限制了更高规模的集成电路发展。

困扰半导体材料的一个关键问题是"控制漏电"。从电磁学的角度看，半导体存在"屏蔽效应"，因此门电极只能控制最表面的电流的通断，更加深入部分的电流只导致发热，没有参与计算，这形成了漏电的损耗。为了减小漏电的影响，美国加利福尼亚大学伯克利分校的华人教授胡正明提出了鱼鳍晶体管（FinFET），将硅片做成鳍状的薄片半导体，从边缘控制电流，由此减少了漏电的发热损耗。尽管如此，寻找新的材料体系以取代原有的硅基半导体已经成为当今计算器件发展的一个重要课题。

二维材料的新机遇

三维材料的极限

随着半导体材料工艺的推进，更小的器件需要更薄的材料。而材料的厚度有一个物理极限——单原子层。硅的原子结构与钻石相似，是一种典型的四面体结构。像硅这样有三维晶体结构的材料被称为三维材料。三维材料的特性决定了当硅材料的厚度薄至仅为单层或若干层时，表面的硅层必须与其他原子成键。例如硅与氧原子成键之后，硅就变成了氧化硅，从而失去了硅特有的半导体特性。这宣告了硅作为半导体材料的极限。

二维材料石墨烯

石墨烯的发现引发了一类被称为"二维材料"的研究热潮。石墨烯离我们的日常生活并不遥远，我们常用的铅笔芯由石墨构成，而石墨烯就是将石墨剥离至单层原子的产物。石墨烯由碳原子构成的正六边形密铺而成，在垂直于二维平面的方向，不会与外界原子成键，这正是二维材料相较于三维材料的优势。二维材料的发现可以突破三维材料的极限，为半导体产业带来了新的机遇。2010 年，海姆（Geim）和诺沃肖洛夫（Novoselov）因为在石墨烯方面的"突破性实验"被授予诺贝尔物理学奖。

这里还有笔者（张远波）的一个小故事。2002 年，笔者尚在美国哥伦比亚大学菲利普·金（Phillip Kim）教授的课题组攻读博士学位时，就对石墨烯中可能存在的物理问题产生了浓厚的兴趣。当时我们碰到的第一个难题是：如何高效地制备单原子层的纯净石墨烯样品？自然地，我们联想到了每日都接触的铅笔。铅笔芯由石墨构成，而石墨就相当于一层层石墨烯的叠加。在我们用铅笔书写的时候，铅笔的笔迹实际上就是薄薄的石墨片，如果这个石墨片足够薄，薄到只有一个原子的厚度，石墨烯就被这样制备出来了！在 2002—2004 年的 3 年时间内，我们尝试制作了一支"纳米级"的"铅笔"，通过"写字"的方法，制作出小片的石墨片。经过反复实验和优化，我们获得了 5～100 纳米厚的石墨层。单原子层的石墨烯厚度大约为 0.3 纳米，5 纳米的石墨片大抵相当于十几层碳原子的堆叠。通过这样的技术，我们可以制作石墨器件。我们惊喜地发现，门电极对薄层的石墨器件拥有微弱的调节作用。

同样在 2004 年，海姆和诺沃肖洛夫在《科学》（*Science*）杂志上发表文章，提出他们已经利用另一种方法制备出了单原子层的石墨烯。这种自己设想的目标提前被他人实现的事情，在科学探索中是经常发生的。从我们个人的角度来说，这当然有些令人沮丧，但是对于整个科学界，这是一个激动人心的进步。

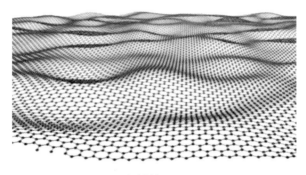

二维材料石墨烯

石墨烯的剥离：魔术胶带的威力

我们来看看两位科学家提出的全新制备方法。他们仅仅使用日常生活中常见的透明胶带，就完成了对单原子石墨烯高效、纯净的制备。首先，取小片的石墨碎片粘在胶带上。然后将胶带对折，使需要解离的石墨表面粘在胶带上，再轻轻撕开，使表面互相分离。由于石墨的原子层之间作用力很小，因此胶带的黏力就足以让石墨分成两半。此时的石墨碎片仍然很厚，反复进行上面的操作，直至获得足够薄的石墨薄层。我们可以用一个平整的表面（通常是硅片）将薄层从胶带上分离下来。这样就生产出了单层的石墨烯！了解到这一方法后，我们马上在实验室中重复了这样的制备过程，并且利用原子力显微镜等技术手段确认了单原子层石墨烯的存在。

石墨烯中的新物理

通过改进实验的制备工艺，我们很快获得了更纯净、更大量的石墨烯样品。在2005年时，我们与海姆实验室分别独立发现了石墨烯中的"半整数"量子霍尔效应[2-3]。

除此之外，石墨烯由于其中包含独特的狄拉克型电子而蕴涵着丰富的新奇物理现象，对于它的研究直到现在仍是热点。石墨烯具有极高的电子迁移率（导电能力）以及极佳的栅电极调控能力，人们期望利用它制备新一代的半导体器件。然而，和传统的半导体不同，石墨烯的能带之间没有空隙，无法达到理想半导体电流关闭的状态，所以它无法被制成像晶体管一样的电子开关元件。

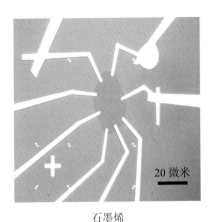

20 微米

石墨烯

石墨烯的能带

石墨烯及其能带示意图

但是，这并不意味着二维材料在半导体工业应用的终结。相反，还有许多的材料可以像石墨一样被剥离至二维，并展现出良好的半导体性质。

新二维材料：黑磷

在复旦大学的实验室，我们一直在探索新的拥有带隙的二维半导体材料。终于在 2014 年，我们与中国科学技术大学的陈仙辉教授团队合作，成功制备出了与石墨烯结构相似的二维黑磷材料。与石墨烯不同的是，黑磷材料从三维到二维都呈现出标准的半导体性质。同年，我们团队在国际上首次制备了二维黑磷器件，其拥有类似晶体管的电子开关性能[4]。

进一步地，随着越来越多的实验室加入对二维黑磷材料的研究，研究者不断发现二维黑磷器件在传感、光伏等领域的可能应用。围绕二维黑磷材料的研究也已经形成一个新的研究方向。

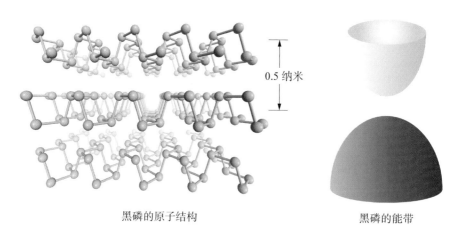

黑磷的原子结构　　0.5 纳米　　黑磷的能带

黑磷及其能带示意图

二维半导体是国际公认的未来集成电路的重要发展方向

从 2010 年诺贝尔物理学奖颁发给石墨烯相关研究以来，二维材料的研究已持续成为国际热点：欧洲微电子中心（IMEC）已经明确二维半导体为 1 纳米及以下节点的重要材料体系；2022 年 6 月召开的国际集成电路峰会提出，二维半导体是目前业界唯一公认能够延续摩尔定律的材料。近年来，三星、台积电、阿斯麦等企业和机构已经开始着力研发二维半导体，以作为 3～5 纳米节点以后硅的替代方案。

胶带解离方法的缺陷是无法生产工业可用大小的半导体材料。为此，研究人员正在推动晶圆级的二维材料生长研究。南京大学、中国科学院和复旦大学的团队近期在这个领域都有可喜的进展，已经站在了世界前列。

利用二维材料，科学家在晶体管制备方面也有许多进展。清华大学团队已经制备出 0.34 纳米物理栅长下的二维材料晶体管，北京大学团队研制出了速度超越硅极限的二维材料晶体管。

基于二维半导体集成工艺，目前研究人员已经能够实现大部分硅基电路功能。下一步的目标是利用二维半导体的特性，进一步提高芯片的整体性能。

从材料物理的角度，我们可以总结出一条规律："少者异也（less is different）。"例如将石墨从三维解离至二维，形成的二维石墨烯拥有与石墨完全不同的物理化学性质。根据这样的想法，我们找到了很多在二维下出现新物理特性的材料。例如，我们实验室发现二维本征磁性拓扑绝缘体 $MnBi_2Te_4$ 存在"量子反常霍尔效应"。对于这样的二维材料，可以在零磁场的实验条件下观察到量子霍尔效应的量子化电阻平台。其本征磁性也使其拥有优于磁性掺杂拓扑绝缘体的效应温度。我们还发现了二维磁体 Fe_3GeTe_2，其单层材料在外场的调控下可以在室温下出现铁磁性。对此类二维磁体的进一步研究，有望为微型化磁性存储等器件提供新型材料。

除此之外，对二维材料的研究反过来可以给我们提供一些对传统三维材料中的奇异物理现象的理解。例如，如今基于铜氧化物的高温超导材料都显现出层状晶体结构，而对它们非常规超导机制的理解目前仍是科学界的难解之谜。我们基于高温超导材料 $Bi_2Sr_2CaCu_2O_{8+x}$（Bi–2212）进行研究，发现将它剥离至二维极限时依然表现出高温超导现象，其超导转变温度以及诸多独特的高温超导性质与块材几乎一致。这说明对以 Bi–2212 为代表的高温超导材料而言，其超导是完全的二维现象，这为人们最终理解高温超导现象提供了极具价值的线索。

结语

著名的物理学家范曼（Feynman）曾经讲过："人类尚且年轻，一切才刚刚开始，我们碰到问题是理所当然的，但是未来还有千万年，我们的责任是尽力去做、尽力去学，寻求更好的解决方法，并传给后人。"[5] 半导体物理已经发展了几十年，一代代的物理学家和工程师在不断改进前人的方案、不断提出新的见解中前进，在物理学的研究中，唯一能够阻挡我们的，只有我们的想象力。

二维材料的新机遇已然出现，需要更多有知识、有创造力的学者和工程师不断前行，为人类的美好未来共同努力。

参考文献

［1］Dennard R H, Gaensslen F H, Yu H N, et al. Design of ion-implanted MOSFET's with very small physical dimensions［J］. IEEE Journal of Solid-State Circuits, 1974,9(5):256－268.

［2］Novoselov K S, Geim A K, Morozov S V, et al. Two-dimensional gas of massless Dirac fermions in graphene［J］. Nature, 2005,438:197－200.

［3］Zhang Y B, Tan Y W, Stormer H L, et al. Experimental observation of the quantum Hall effect and Berry's phase in graphene［J］. Nature, 2005,438:201－204.

［4］Li L K, Yu Y J, Ye G J, et al. Black phosphorus field-effect transistors［J］. Nature Nanotechnology, 2014,9:372－377.

［5］Feynman R P. The pleasure of finding things out［M］. New York: Basic Books, 2000.

从克隆到半克隆：
揭开生殖与发育中的生命奥秘

黄　超　李劲松

黄超，中国科学技术大学细胞生物学博士，中国科学院大学杭州高等研究院助理研究员，主要从事类精子干细胞应用、新型免疫动物模型开发和黏膜免疫疾病发病机制研究。

李劲松，中国科学院分子细胞科学卓越创新中心研究员，中国科学院大学杭州高等研究院首席教授，中国科学院院士，发展中国家科学院院士；长期致力于干细胞与胚胎发育研究，发表 150 余篇研究论文，研究成果被写入第八版《分子细胞生物学》(Molecular Cell Biology) 教科书；创建并优化了类精子干细胞介导的半克隆技术，带领团队基于半克隆技术构建了复杂遗传改造动物模型，实现了复杂疾病的快速模拟、小鼠发育中的遗传筛选、染色体改造模型的构建；提出并推动基因组标签计划（GTP），加速了蛋白质在体动态的标准化研究，为生物发育、疾病机理及演化的研究带来革命性变化。其系统性、开拓性重大原创成果两度入选"中国科学十大进展"，1 次入选"中国生命科学十大进展"。

　　我国古典名著《西游记》讲述了唐僧师徒历尽艰险、降妖除魔、西行取经的故事，书中充满神话色彩的情节令读者印象深刻。作者笔下的主人公孙悟空神通广大，有"克隆"（clone）自身的本领，他拔一根毫毛就可以变出一群孙悟空。另一个情节也广为流传：师徒一行人路过一个叫西梁女国的地方，这里所有百姓都是女性，没有男性，世代依靠饮用子母河的河水怀孕生子。这两个极具想象力的情节当然是艺术家虚构的。然而，科学家们也从来不缺乏想象力。上述两个故事实际上包含了生物的两种繁殖方式：前者是克隆繁殖，指体细胞直接产生后代，而不需要经过生殖细胞的结合；后者是孤雌生殖，指未受精的卵细胞发育成新个体，两者都属于无性繁殖。自然界中，无性繁殖常见于低等生物中，比如细菌直接将自身复制分裂成两个新的个体；蚜虫、蚂蚁、蜜蜂等都可以进行孤雌生殖，不需要雄性个体。但是无性繁殖在更为高等的哺乳动物（如小鼠、猴子和人）中是不存在的，自然状态下他（它）们只能采取精子和卵子结合形成受精卵，再发育成新个体的有性繁殖方式。生物学家非常好奇：高等哺乳动物为什么无法进行无性繁殖呢？能否通过一定的科学手段实现这种繁殖方式？是否真的可以实现不需要雄性就能繁殖后代？如果能够实现，会给我们这个世界带来怎样的变革？带着这些问题，让我们一起走进克隆和半克隆的故事。

生命的开始——受精

我们每个人都是从一个细胞发育而来，这个细胞叫"受精卵"。受精卵是由来自爸爸的精子和来自妈妈的卵子结合而成的，这个结合的过程称为"受精"。受精卵具有全能性，即它可以不断地增殖、分化成各种细胞，形成一个完整的生命体。这个生命体包含两种类型的细胞，一种是体细胞，另一种是生殖细胞。体细胞是生命活动的执行者，如心肌细胞负责使心脏跳动，红细胞负责运输氧气，神经元细胞负责传导神经信号。体细胞有两套遗传物质，一套来自爸爸（精子），一套来自妈妈（卵子），因此叫作"二倍体细胞"。生殖细胞用于繁殖后代，它的最终形态就是精子或卵子，它们都只有一套遗传物质，因此叫作"单倍体细胞"。有性繁殖就是精子和卵子这两个高度特化的

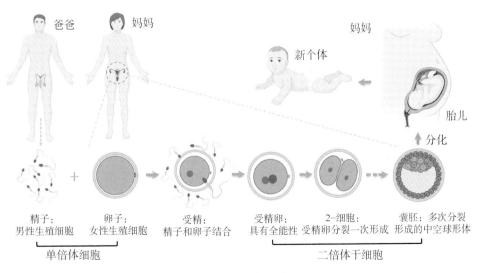

| 精子：
男性生殖细胞 | 卵子：
女性生殖细胞 | 受精：
精子和卵子结合 | 受精卵：
具有全能性 | 2-细胞：
受精卵分裂一次形成 | 囊胚：多次分裂
形成的中空球形体 |

单倍体细胞　　　　　　　　　　　　　　　　　　　二倍体干细胞

受精和受精卵发育过程

单倍体细胞通过受精形成一个二倍体胚胎的过程。如果受精无法正常进行，就会导致不孕不育。事实上，不孕不育已经成为人类社会的一个重大问题。辅助生殖技术应运而生。胞质精子注射技术是一种常用的辅助生殖技术，它是在体外将一个精子通过显微注射针注射到卵子里面完成受精，从而解决了出于各种原因无法自然受精的问题。辅助生殖技术使 1/3 的不孕不育患者可以拥有属于自己的孩子，满足了患者生育的需求，该技术也因此获得 2010 年诺贝尔生理学或医学奖。

逆转细胞命运——体细胞重编程

受精使精子和卵子两个原本高度特化的单倍体细胞结合，形成一个具有全能性的二倍体细胞，胚胎发育启动。在正常情况下，胚胎发育一旦启动就不可逆转，受精卵犹如一个从山顶上滚落的可以分裂的小球，在这个过程中，全能性（发育成一个完整个体的能力）干细胞发育分化成多能性干细胞，多能性干细胞进而分化成体细胞，最终形成一个包含数百种体细胞的完整个体。一个非常有意思的问题随之而来：同样为二倍体的体细胞，能不能使其分化状态发生逆转，变成一种多能性甚至全能性的状态，直至一个完整的个体呢？答案是肯定的。经过长期的努力探索，科学家建立了可以实现体细胞命运逆转的两项技术，科学上统称为"体细胞重编程"。一项技术叫诱导多能干细胞技术（iPSC 技术）：在体外让体细胞强制表达四种因子，就可以使其逆转成多能性干细胞。另一项技术叫核移植，它是先将卵细胞的遗传物质去掉，再吸取体细胞的细胞核注入其中，形成一个重构的胚胎，这个胚胎在合适的培养条件下可以发育成一个完整的个体。因为这个新个体的遗传物质来自体细胞的细胞核，而不来自两性生殖细胞的结合，所以属于无性繁殖，这个过程就叫"克隆"，通俗理解就是复制。这个过程与《西游记》中描述的孙悟空拔根毫毛变出许多孙悟空类似。但实际上，动物克隆的技术难度很大。1962 年，约翰·格登（John Gurdon）博士通过克隆的方式获得了从肠上皮细胞（体细胞）培育而来的克隆青蛙[1]，这项工作在 2012 年获得诺贝尔生理学或医学奖。1996 年，克隆羊多莉诞生[2]，它是第一个成年哺乳动物的体细胞克隆个体，具有里程碑意义。直到 20 多年后，我国孙强团队成功克隆出 2 只猴子[3]，取名"中中"和"华华"，这也是人类历史上第一次获得成年的非人灵长类体细胞的克隆动物。

因此，通过上述技术手段，高等哺乳动物也可以进行无性繁殖。

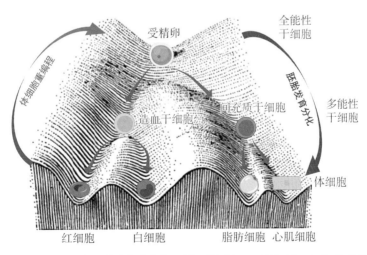

胚胎发育和体细胞重编程［改自康拉德·沃丁顿（Conrad Waddington）的分化小球］

拓展阅读

从生物学倒数第一到诺贝尔生理学或医学奖获得者

1962 年，格登博士培育出克隆青蛙，这是人类首次使用核移植技术获得克隆个体。半个世纪后，他因为这项工作获得 2012 年诺贝尔生理学或医学奖。他获奖后特意拍了诺贝尔奖获奖证书的照片，与这张照片同框的另一张照片是他拍摄的 15 岁时老师对他的评语。当时全年级 250 名学生，他在生物学考试中排在倒数第一，老师的评语是这么说的：

"这是一个灾难性的学期，他的学习成绩离令人满意还差得很远。他的各项表现都非常糟糕，很多时候他都处于麻烦中，因为他根本不听劝告，只坚持用自己的方法。我相信格登想要成为一名科学家，但从他的表现来看，这个想法简直是痴人说梦。无论对于格登本人还是教育他的老师，（让他学习生物学）都是完完全全地浪费时间。"

通过老师的评语，我们可以看出格登的一些特点：首先他对科学充满兴趣与热爱，其次他自己非常有想法，而且非常坚持自己的想法。他有一句名言："如果你对一件事情真正感兴趣就不能放弃，就一定要坚持。"

克隆技术的应用

克隆技术的应用之一是对优秀个体的繁殖性克隆。例如，我的导师陈大元先生曾经带领我们做过这样的研究：从一头产奶量高的荷斯坦奶牛中克隆出高产奶牛。奶牛产奶量高是一个优秀的特性，如果通过正常交配产生后代，这种特性很可能会丢失，因为它的基因只有一半被传递到后代中。我们在山东省菏泽市曹县完成了这项研究：从高产荷斯坦奶牛的耳朵上获取成纤维细胞（二倍体体细胞的一种），再通过核移植将成纤维细胞的细胞核移植到去核的卵母细胞中。2002 年 1 月 18 日到 2 月 11 日，我们一共获得了 14 头牛犊，最后 5 头存活。由于这些克隆牛的遗传物质与高产奶牛的完全一样，因此理论上这些克隆牛具备了高产奶牛的所有遗传特性。这项研究成果意义重大，实现了我国成年体细胞克隆牛成活群体零的突破，也打破了从国外引进优良品种的限制，为家畜体细胞无性繁殖提供了重要的借鉴。20 多年后，我国利用克隆技术实现了终生产奶量高于 100 吨的优良荷斯坦奶牛个体的种质保存和良种繁育。

宠物克隆是克隆技术的另一个应用。当宠物去世后，通过克隆技术可以克隆出性状一样的克隆体。目前，宠物狗和宠物猫的克隆已经不是新闻，克隆宠物走进了寻常百姓家。尽管宠物克隆价格不菲，但仍有人用此种技术手段"复活"宠物。

　　克隆技术也可以应用于濒危物种。比如盘羊是一种濒危物种，之前科学家无法获得足够的盘羊卵子进行克隆。在 2001 年有报道称科学家将已经死亡的盘羊的体细胞核移植到近亲物种绵羊的卵子中进行克隆，并获得成功。克隆技术甚至有望"复活"灭绝的物种。日本的研究团队用在零下 20 摄氏度冷冻了 16 年的小鼠的体细胞获得了健康的克隆小鼠。那我们能不能从在西伯利亚冻土里面找到的猛犸象尸体的组织块克隆出猛犸象呢？或许将来有一天可以实现。

　　克隆技术另一个潜在应用是治疗性克隆，在多莉羊诞生后第二年，科学家就提出了这一概念。一直以来需要接受器官移植治疗的患者数量很大，但是供体器官严重缺乏，一方面器官供体本身数量很少，另一方面，器官移植需要配型，配型成功概率极低。然而，配型成功的供体器官对患者来说仍然是异物，移植到患者体内之后，要长期服用免疫抑制剂防止排斥反应。科学家们提出未来可以用患者的体细胞进行治疗性克隆：取患者的体细胞核注射到去核的卵母细胞中构建一个克隆胚胎，利用这个胚胎在体外构建胚胎干细胞系，这个细胞系具有多能性，能够在体外定向分化为有特定功能的体细胞。随着组织器官工程技术的不断发展，未来也许可以利用胚胎干细胞系在体外构建一个组织甚至一个器官用于移植。这一技术相当于用自身的细胞克隆出有功能的器官来替换自身受损的器官，可完全匹配，不会产生免疫排异。需要强调的是，这一过程产生的重构胚胎若移到体内就可以发育成克隆人，我们坚决反对这种做法，因为违背了最基本的伦理准则。

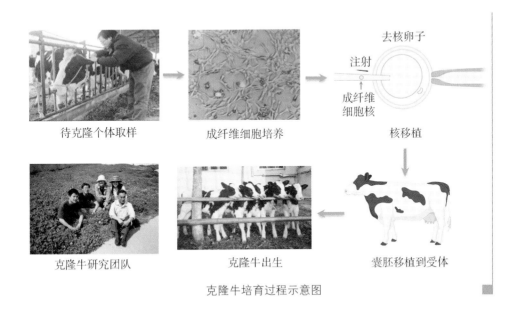

待克隆个体取样　　　　成纤维细胞培养

去核卵子

注射

成纤维
细胞核

核移植

克隆牛研究团队　　　　克隆牛出生　　　　　囊胚移植到受体

克隆牛培育过程示意图

印记基因——单性生殖的壁垒

前面我们回答了如何通过克隆技术在有性繁殖的哺乳动物中实现无性（克隆）繁殖。第二个有趣的科学问题是：哺乳动物的单性胚胎能不能发育呢？就像《西游记》中的西梁女国一样，女性喝子母河的河水就可以怀孕，不需要男性。实际上在 20 世纪 70 年代，科学家就提出了这一问题并在动物中进行尝试。科学家利用核移植技术将鼠爸爸的两个精子的基因组（即细胞核）注射到去核的卵子中，形成二倍体的孤雄胚胎［见下图（b）］，或者将鼠妈妈的一个卵子的基因组注射到另一个未去核的卵子中，形成二倍体的孤雌胚胎［见下图（d）］，结果发现这两种胚胎都无法正常发育。因此科学家得出结论：哺乳动物需要分别来自父源和母源的单倍体基因组结合在一起，才能完成正常的胚胎发育［见下图（c）］，同性遗传物质结合在一起形成的二倍体并不能正常进行胚胎发育。原因是什么呢？经过多年的努力，科学家终于揭开了其中的秘密——印记基因。我们人体中的基因都是双份的（二倍），一份来自爸爸，一份来自妈妈，对大多数基因来说，两份是等效的。但是有一小部分基因非常特殊，来自爸爸的那一份处于开启状态（表达），而来自妈妈的那一份处于关闭状态，这部分来自妈妈基因组的不表达的基因叫作"雌性印记基因"（见下图中的 A 基因）；同样存在另一部分特殊的基因，来自爸爸的那一份处于关闭状态，而来自妈妈的那一份处于开启状态，叫作"雄性印记基因"（见下图中的 B 基因）。科学家观察到，孤雌和孤雄胚胎都无法正常发育存活，但具体情况有所不同：其中孤雄胚胎中的胎盘组织异常大，但是胎儿却无法发育；而孤雌胚胎的胎盘发育不良。事实上，单性胚胎的异常都是由印记基因的表达不合适导致的。沿着这个思路，科学家就想到能不能通过纠正印记基因的开关状态来实现单性生殖呢？科学家瞄准了雄性印记基因进行尝试，雄性印记基因在爸爸的基因组（精子）中处于关闭状态，而在妈妈的基因组（卵子）中处于开启状态，因此科学家利用基因编辑的办法关闭了卵子的雄性印记基因，此时卵子就模拟出类似于精子的遗传状态，将该卵子的细胞核移植到正常的卵子中，孤雌胚胎可以正常发育［见下图（e）］，最终有不超过 2% 的胚胎能够发育成活的小鼠，且这些小鼠具有正常的生殖能力[4]。小鼠孤雌生殖利用两个卵子的遗传物质产生个体，它们没有鼠爸爸，只有鼠妈妈，并且卵子没有雄性性别决定基因（Y 染色体），产生的后代都是雌性，尽管小鼠存活率较低，但一定意义上实现了"小鼠女儿国"。那么利用这样的思路是否也能够实现孤雄生殖呢？答案是肯定的，但是情况要复杂得多，这里不再展开。

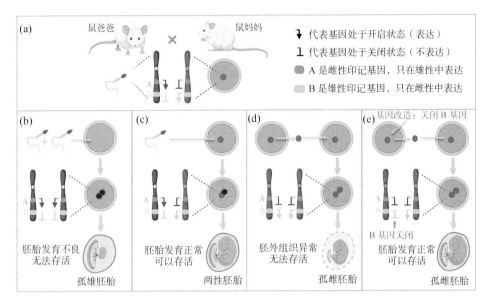

印记基因影响单性胚胎的发育和存活

从单倍体胚胎到单倍体胚胎干细胞——半克隆技术的产生

看完上面的科学故事后，您可能有这样的疑问，既然核移植技术已经可以实现哺乳动物的卵子和卵子、精子和精子融合得到二倍体胚胎且正常发育，那么，只含有精子或者卵子一套基因组的单倍体胚胎能否正常发育，甚至产生一个生命体呢？同样是在 20 世纪 70 年代，以马修·考夫曼（Matthew Kaufman）为代表的科学家进行了这样的尝试：将小鼠卵子激活，启动胚胎发育（孤雌激活，即通过化学、物理或机械刺激等手段激活卵子，从而开始发育的过程），或者将卵子去核，注入精子的细胞核，激活其胚胎发育（精子克隆，又叫"孤雄激活"）。科学家发现，这些单倍体的胚胎都可以发育到囊胚阶段，将它们移植到小鼠体内进行发育，单倍体胚胎只能发育一段时间便停滞；将这些胚胎再拿出来分析，发现绝大部分细胞都变成了二倍体，说明单倍体胚胎随着发育的进行，会变成二倍体。

而在此后不久的 1981 年，马丁·埃文斯（Martin Evans）和考夫曼从小鼠的早期胚胎（囊胚）中分离、建立了一种特殊的细胞系[5]，这种细胞在体外培养时可以无限增殖、自我更新，基因组高度稳定，最重要的是，无论在体外还是体内环境，它都能被诱导分化为几乎所有机体细胞类型，即拥有全能性，这就是大名鼎鼎的胚胎干细胞系。胚胎干细胞是全能性仅次于受精卵的一类干细胞，在动物克隆、基因打靶等基础研究领域有非常重要、广泛的应用。这项工作获得了 2007 年诺贝尔生理学或医学奖。胚胎干细胞系是从小鼠受精卵发育的早期胚胎中分离出来的，因而是二倍体。在建立这种细胞系之后，考夫曼立即开始尝试从小鼠单倍体胚胎中建立单倍体胚胎干细胞系。在小鼠胚胎干细胞建立之前，科学家就成功建立了低等动物（如蛙、蟑螂、果蝇）来源的单倍体细胞系，而哺乳动物还没有这样的细胞。单倍体细胞只有一套基因组，其复杂程度比二倍体低，因而在遗传分析和基因功能等研究方面具有优势。但哺乳动物中只有精子和卵子是单倍体，它们已经高度分化，不能再继续增殖，也无法在体外长期培养。如果能够在哺乳动物中建立像胚胎干细胞一样可以无限增殖、自我更新、长期稳定的单倍体细胞，无疑具有重大的应用价值。很可惜的是，考夫曼团队从单倍体胚胎中建立的单倍体细胞随着传代培养，都发生了自发二倍体化，变成了稳定的二倍体细胞[6]。

从 1983 年考夫曼宣告哺乳动物单倍体胚胎干细胞建立失败到 21 世纪初，这一难题持续了近 30 年。而在这段时间，我们通过国内外的科研经历掌握了克隆技术和胚胎干细胞培养体系，于是在 2006 年，我们产生了攻克这一难题的想法。考夫曼的早期尝试给我们提供了重要线索：如何在体外培养过程中维持细胞的单倍性是关键。而也是在这段时间，流式细胞分选技术飞速发展。这项技术可以通过光电信号区分混合、复杂细胞群体的特定特征（主要包括细胞大小、蛋白的表达、核酸的含量等），再通过液流控制系统将具有某些特征的目的群体从这个复杂群体里面分选出来，具有非常高的效率和准确性。因此，2007年回国建立实验室时，我们重点部署了核移植技术、胚胎干细胞培养技术和流式分选技术。然而，安东·伍兹（Anton Wutz）等人及约瑟夫·彭宁格（Josef Penninger）等人在2011年率先捅破了这层窗户纸，他们用小鼠卵子来源的孤雌胚胎分离出胚胎干细胞，在后续体外培养过程中用核酸染料对这些细胞的遗传物质进行定量，用流式细胞分选仪分选出核酸含量为单倍的细胞，成功建立了小鼠孤雌单倍体胚胎干细胞[7-8]。这是人类历史上首次建立哺乳动物的单倍体胚胎干细胞。那么精子来源的单倍体细胞能否被建立呢？我们在前期建立的实验体系的基础上开始探究，我们将卵子的遗传物质去掉，将精子的头部（细胞核）移植到这个卵子内，发育成囊胚后分离培养内细胞团中的胚胎干细胞，流式分选其中的单倍体细胞，最终在2012年成功获得小鼠精子来源的孤雄单倍体胚胎干细胞[9]。同年，我国周琪团队也建立了小鼠孤雄单倍体胚胎干细胞[10]。无论是孤雄还是孤雌单倍体胚胎干细胞，在体外都可以无限增殖、自我更新、多向分化，并且基因组稳定，但仍会发生自发二倍体化，因此需要定期分选单倍体细胞以维持单倍性。出人意料的是，将孤雄单倍体胚胎干细胞注射到卵子中可以完成受精并发育成二倍体胚胎，而将这个胚胎移到小鼠体内继续发育，能够产生子代小鼠[9-10]。也就是说，孤雄单倍体胚胎干细胞可以代替精子使卵子受精，因而我们将其称为"类精子干细胞"或"人造精子细胞"。将类精子干细胞注射入不同卵子可以产生子代小鼠，这些小鼠有一半的遗传物质来源于体外培养的类精子干细胞，且这些细胞的遗传物质相同，与克隆技术有异曲同工之处，因此称这项技术为"半克隆技术"，称半克隆技术产生的小鼠为"半克隆小鼠"。但是实际上，半克隆小鼠生育的效率非常低，仅有 2%，这与常规精子注射产生的小鼠的生育效率（30%～40%）相差甚远。我们进行深入研究后发现，两个重要的雄性印记基因——H19 和 Gtl2 在精子中是完全关闭的，但是在我们建立的类精子干细胞中被异常打开了。因此我们怀疑是这两个印记基因表达异常使得半克隆小鼠生育效率低下。为了验证这种猜想，我们通过基因编辑关闭类精子干细胞中的这两个基因，发现半克隆小鼠的生育效率提高到 20%[11]。这一优化为类精子干细胞介导的半克隆技术的应用扫除了一大障碍。

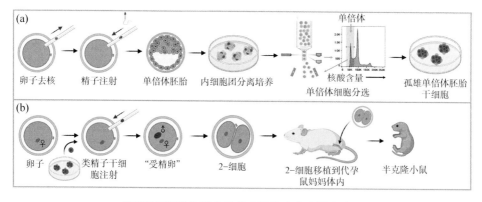

类精子干细胞的建立及其介导的半克隆技术流程

接下来我们又提出一个问题：卵子来源的孤雌单倍体胚胎干细胞能不能代替精子使卵子受精呢？正常情况下是不可以的。因为前文已经提到，精子和卵子的遗传物质由于印记基因而不能相互替代。在孤雌单倍体胚胎干细胞中，雄性印记基因 H19 和 Gtl2 与卵子一样处于开启状态。我们也通过基因编辑关闭孤雌单倍体胚胎干细胞中的这两个基因，使其遗传印记状态模拟精子的，将其注射到卵子中，可以使卵子受精，胚胎生育效率约为 15.5%[12]。这些子代小鼠的两套基因组都来自卵子，没有鼠爸爸，因此是孤雌发育，这种方法可以高效产生子代，子代也都是雌性，不需要雄性，在真正意义上实现了"小鼠女儿国"。

半克隆技术应用——让改造小鼠基因事半功倍

流式分选技术的发展和应用帮助我们建立了单倍体胚胎干细胞，在此基础上，我们创建了半克隆技术，使小鼠简单、高效地孤雌生殖成为可能，帮助科学家们探讨生殖和发育的基本规律。这仅是半克隆技术的应用之一。类精子干细胞是集单倍性、多能性、自我更新和受精能力为一体的独特细胞，它突破了精子不能在体外培养和增殖的限制，进一步结合基因编辑技术，其介导的半克隆技术为改造小鼠基因提供了重要的工具和平台。

改造小鼠基因是生命科学必不可少的研究手段，所获得的基因修饰小鼠模型是极其重要的实验材料。基因改造小鼠的构建有两个主要元素，一是基因编辑器，即用什么工具对基因进行编辑（改造），二是编辑的对象，即在什么细胞或者组织里面改造该基因，最终产生基因改造的小鼠。目前主流的基因编辑器是 CRISPR - Cas9，它因使用简单且灵活、编辑高效且精准被誉为"基因魔剪"，不仅在基础研究领域应用广泛，而且有望在临床治疗人类遗传疾病。编辑的对象要求能够产生稳定遗传的小鼠。生殖细胞在体外无法培养因而无法作为编辑的对象，通常在构建基因改造小鼠时用小鼠的受精卵或者胚胎干细胞。受精卵一旦形成就启动胚胎发育，成为一个多细胞的二倍体胚胎，在基因编辑时很难实现所有的细胞都被基因改造，形成一种称为"嵌合体"的胚胎（通过受精卵胞质注射技术），得到的嵌合体小鼠需要分别跟正常小鼠杂交一代，筛选出基因改造能够稳定遗传的小鼠品系。胚胎干细胞也是二倍体，在体外可以被编辑并筛选出改造成功的细胞株，但需要将该株细胞嵌在正常的囊胚中才能进入小鼠体内（囊胚嵌合技术），产生的小鼠同样是嵌合的，也需要再杂交一代进行筛选。随着研究的深入，多基因位点的编辑和复杂的基因改造需求越来越多，编辑受精卵或者编辑胚胎干细胞构建小鼠的方式遇到了瓶颈。而类精子干细胞介导的半克隆技术结合 CRISPR - Cas9 进行基因改造突破了此瓶颈。类精子干细胞是单倍体，对其基因改造更加简单高效，在体外通过基因型鉴定就可以快速筛选出基因改造成功的细胞株，将其注射到卵子中，可以一步获得基因型正确的小鼠，不会出现嵌合，达到事半功倍的效果。更重要的是，该细胞具有良好的体外培养耐受性和稳定性，经过编辑的细胞可以再进行多轮基因改造，从而获得多基因改造的细胞株，将其注射到卵子中，仍可以一步获得多基因改造的小鼠（见下图 A）。因此半克隆技术为构建多基因介导的复杂疾病的小鼠模型提供了一种新的方法。

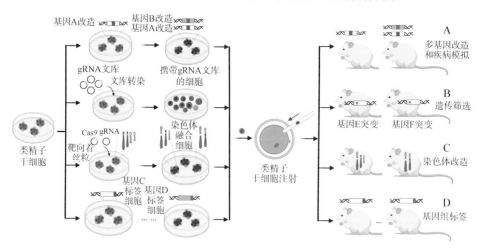

半克隆技术的应用

拓展阅读

为什么小鼠的基因改造如此重要？

基因是控制生命体性状（指各种特征）的基本遗传单位。正因为基因如此重要，1990 年，美、英、法、中、日、德 6 国启动了"人类基因组计划"，就是要获得人类基因组中 30 亿碱基对包含的 2 万多个基因的序列信息。人类基因组计划于 2003 年基本完成，花费约 30 亿美元。虽然人类的遗传密码已经被破译，但是这些遗传信息的含义及作用目前大多是未知的。后基因组时代的核心科学问题就是基因的表达调控及蛋白质产物的功能。目前，众多基因的功能及其对各类疾病和生命体性状的影响已经被揭示，如 ABO 基因和血型、色盲基因和色盲、血红蛋白基因和地中海贫血，但实际上人类大部分基因的功能是未知的。上述例子展示了某一个或某一类基因决定生命体的某一性状，而更多情况下，生命体的性状是受到多个基因控制的，基因和性状之间的关系是一部新的"天书"，等待我们去破译。但是破译这本"天书"不能直接用人进行研究，需要用动物作为实验替代品。小鼠因为下面几个特性成为最常用的实验动物：

（1）遗传相似性：小鼠和人类在基因上有很高的相似性，约有 85％的人类基因在小鼠中有对应的同源基因。这使得小鼠成为研究人类遗传病、基因功能以及复杂的生物学过程的理想模型。

（2）生理和病理特征相似性：小鼠在许多生理和病理特征上与

人类相似，能够模拟许多人类疾病，包括肿瘤、心血管疾病、糖尿病等。这些模型对于疾病机制的研究和新药的开发非常重要。

（3）生命周期短、繁殖快：小鼠的寿命通常只有2～3年，且繁殖周期短，能够快速产生大量后代。这使得科学家可以在较短的时间内获得更多的实验材料和研究结果。

（4）成本相对较低：与更大体型的实验动物相比，小鼠的饲养、使用成本较低，对实验室环境的要求也更为简单，使其成为经济实用的选择。

为此，小鼠的全基因组序列草图于2002年发布，于2005年完善，小鼠成为继人类之后第二个完成全基因组测序的哺乳动物。用小鼠进行基因功能研究往往需要进行基因改造，比如通过敲除（删除）特定基因、敲入（添加）特定基因，科学家可以研究这些基因在生物体中会产生何种性状。再比如科学家怀疑某个基因的突变会导致某一种疾病，最可靠的验证办法就是通过基因编辑将这个基因的突变引入小鼠体内，观察小鼠是否也会产生疾病；如果产生了疾病，这种小鼠又可以用来开发和测试药物。总之，小鼠的遗传改造为疾病研究、药物开发和探索新治疗方法提供了一种强有力的工具，极大地推动了生命科学的进步。据估计，全球每年使用实验小鼠的数量超过1亿只。每年的4月24日为"世界实验动物日"，旨在倡导科学、人道地开展动物实验。我们要永远铭记所有实验动物为科研和人类健康所做出的贡献。

"基因魔剪" CRISPR‑Cas9 是如何工作的？

　　CRISPR 是最初在细菌中发现的一段重复序列，被称为"成簇的规律间隔的短回文重复序列"。2012 年，珍妮弗·杜德纳（Jennifer Doudna）和埃马纽埃尔·沙彭蒂耶（Emmanuelle Charpentier）发现了 CRISPR‑Cas9 可以切割特定的脱氧核糖核酸（DNA）序列。2013 年，张锋等人率先将其应用于哺乳动物细胞的基因编辑研究。它的工作原理分为识别、切割、修复三步，具体如下：

　　（1）识别目标 DNA 序列：CRISPR‑Cas9 的核心是一个核糖核酸（RNA）分子，称为"向导 RNA"（gRNA）。这个 gRNA 由 20 个核苷酸组成，人为设计这些核苷酸序列与目标位置序列互补。通过这种互补配对，gRNA 可以精确地定位到基因组中的特定位置。gRNA 与 Cas9 蛋白结合形成一个复合物，在细胞中搜索与 gRNA 序列互补的 DNA 序列。一旦找到目标序列，gRNA 就会与之结合，从而将 Cas9 蛋白引导到正确的位置。

　　（2）切割 DNA：Cas9 蛋白犹如一把剪刀，在目标 DNA 序列的特定位点进行切割。这个切割通常发生在目标序列上游的几个碱基处，使 DNA 双链断裂。

　　（3）DNA 修复：细胞自身的 DNA 修复机制会尝试修复这种断裂。在修复过程中，可以引入特定的 DNA 序列，从而实现基因编辑。有两种主要的修复途径：一种为非同源末端连接（NHEJ），这种修复机制直接将断裂的 DNA 末端连接起来，常常导致插入或缺失，从而引起基因功能的丧失；另一种叫同源重组（HDR），这种修复机制利用一个供体 DNA 模板来修复断裂。通过提供一个含有需编辑的供体 DNA 序列，可以在修复过程中引入特定的基因改造。

　　由于 gRNA 设计简单、几乎可以靶向基因组任何位置，并且识别精准、切割高效，因此在全球范围内被广泛应用于各种基因编辑研究。杜德纳和沙彭蒂耶因该技术获得 2020 年诺贝尔化学奖。

人强直性肌营养不良 1 型（DM1）是一种复杂的遗传性疾病，表现为肌肉萎缩、白内障、心脏传导缺陷等多个系统疾病。在 DM1 患者体内，几乎都存在多个 DM1 相关基因（如 *Dmpk*、*Six5* 和 *Mbnl1* 等）表达降低的情况，在小鼠体内使这几个基因单个突变只能模拟患者的部分症状，因此缺乏理想的小鼠疾病模型。2019 年，我们利用半克隆技术在类精子干细胞中同时敲除了 4 个 DM1 相关基因（*Dmpk*、*Six5*、*Dmwd* 和 *Mbnl1*），将其注入成熟的卵子中，一步获得四基因敲除的杂合小鼠模型，模拟了 DM1 患者绝大多数的病症，证明多基因剂量同时下调是 DM1 致病的分子基础，为进一步研究该疾病的发生机制以及治疗策略提供了新的模型[13]。

　　除此之外，半克隆技术可以将遗传筛选从细胞水平提升到个体水平。例如，研究人员通过生物信息学的方法得知有 72 个基因可能跟骨骼发育有关系，按照传统的做法，将这 72 个基因分别敲除，构建 72 种小鼠品系，再研究这些小鼠中哪些出现了骨骼发育异常，这种做法工作量巨大且成本高。而我们对这 72 个基因设计了基于 CRISPR - Cas9 的高效敲除方案，每个基因设计了 3 种 gRNA，共 216 条 gRNA，将其转入类精子干细胞中建立携带 gRNA

文库的细胞系；进而将携带不同 gRNA 的类精子干细胞注射到卵子中，获得 426 只携带不同突变基因的半克隆小鼠，从中筛选到了 4 个参与骨骼发育调控的关键基因[14]。半克隆技术也可以结合碱基编辑工具（诱导单核苷酸突变，核苷酸突变造成氨基酸变化），将遗传筛选从蛋白质水平细化到氨基酸水平。例如，*Dnd1* 基因编码的 Dnd1 蛋白是影响生殖前体细胞发育的关键蛋白质，Dnd1 蛋白功能缺失将导致生殖前体细胞发育失败，但是这个蛋白中有众多氨基酸，哪些氨基酸是功能必需的我们并不知道。为了回答这个问题，我们用碱基编辑工具构建了该蛋白 77 个氨基酸单点突变的类精子干细胞，通过半克隆技术一步获得氨基酸突变的小鼠，分析半克隆小鼠生殖前体细胞发育情况，最终筛选到 4 个对 Dnd1 蛋白功能至关重要的氨基酸位点[15]。

　　半克隆技术不仅可以实现基因改造，还可以实现染色体改造。染色体是基因的载体，是 DNA 存在于细胞中的特定形式。对一个物种来说，染色体的数目和结构都是稳定的，而对不同物种来说，染色体数目和结构各异。比如正常人都有 23 对染色体，呈双臂（着丝粒在染色体中间部位），而小鼠有 20 对染色体，除了 Y 染色体外均为单臂染色体（着丝粒在染色体一端）。一方面，染色体的数目和结构发生变化是物种演化的驱动力，如在灵长类动物进化过程中，猩猩的 2 条染色体发生融合，变成了现代人的 2 号染色体，成为人类物种演化中的关键一环。另一方面，染色体数目和结构变异也可能产生严重的疾病，人类 21 号染色体如果出现 3 条就会引起唐氏综合征；染色体由线性变成环形也会引起严重的疾病。染色体不管发生何种变异，都发生在精子和卵子的发育过程中。但是想人为模拟这些变异是非常困难的，因为对精子和卵子进行改造难度很大。而类精子干细胞可以解决这一难题。为了模拟演化过程中的染色体融合事件，我们设计了靶向染色体着丝粒的 gRNA，利用 CRISPR - Cas9 使类精子干细胞中的多条染色体着丝粒发生断裂，这一事件发生后，细胞立即启动修复机制，将断裂的染色体连接修复，而断裂的染色体之间的连接是随机的，这样染色体融合事件就发生了。利用这种方法我们获得了染色体头对头融合、头对尾融合的细胞，有趣的是这里面的细胞有些发生了 1 次融合，有些发生了 2 次甚至多次，每次融合染色体数目将减少 1 条。将发生融合的类精子干细胞注射到卵子中，我们可以获得多种染色体融合小鼠[16]。我们的工作证明了着丝粒区域的断裂是染色体融合的关键原因，揭示了真核生物基因组组装的稳健性是染色体演化的重要基础，我们还创造出多种全新核型的小鼠。半克隆技术为研究染色体演化和疾病的治疗提供了一个新的方法，开启了哺乳动物染色体遗传改造的新领域，未来还有很多有趣的科学问题值得探索。

人类基因组计划完成后，生命科学的研究进入了后基因组时代，解析基因所编码的蛋白质的功能和机制是主要的研究内容。在功能探究方面，可以利用上述基因改造的方法对蛋白质编码基因进行突变、敲除或过表达，通过分析产生的个体表型来确定该蛋白质的功能；在机制探究方面，我们需要知道蛋白质的具体"行为"，也就是蛋白质在哪些细胞类型中表达、定位在细胞的什么位置、干了什么事情、与哪些其他蛋白质发生了交流和作用，从而产生了这种功能效应。蛋白质的"行为"跟人的行为非常类似：比如某个人出生在哪个国家，具体在这个国家的什么地区，都做了什么事情，与哪些人产生了交流，最终产生了什么影响。这种蛋白质"行为研究"非常依赖于能够特异性识别它的抗体。但是不同蛋白质的抗体都是"量身定做"的，无法规范化比较蛋白质的"行为"，也很难系统性分析互作网络，更主要的问题在于绝大多数蛋白质没有有效的抗体。为此，我们基于蛋白质标签技术和半克隆技术提出了小鼠基因组标签计划（GTP），并成立了 GTP 研发中心（http：//www.sibcb.ac.cn/gtp/index.jsp)，该计划拟借助半克隆技术在小鼠基因改造中的效率高、成本低、时间短、操作灵活等优势，通过基因编辑方式给蛋白质带上容易被识别的标签。在这样的标签小鼠中，我们感兴趣的蛋白如同配备了一部手机的人，"卫星定位导航系统"可以根据手机中的"定位芯片"追踪蛋白质的动态行为和互作网络。该计划的目标是构建所有基因编码蛋白的标签小鼠文库。有了这样的文库，我们就可以从受精开始描绘生命全周期的蛋白质图谱，所有蛋白质都用一套标准化的研究体系去探究，因此这种图谱应该是非常精准可靠的，最终绘制成生命活动中蛋白质的"百科全书"。从 2017 年提出这个计划以来，我们已经完成了 1/10 编码蛋白质的类精子干细胞标签文库的构建，其中 400 多个变成了标签小鼠，被国内外将近100 个团队使用。因此，GTP 计划将推动蛋白质在个体内水平的时空、动态研究的标准化，将哺乳动物全基因蛋白质的研究提升到新的高度，加速国内外生命科学研究和生物医药的发展。

结语

生命科学和生物技术在近半个世纪飞速发展，使得神话故事中的情节变成了现实。核移植技术、动物克隆技术、胚胎干细胞技术、基因编辑技术、流式细胞分选技术的持续进步为我们揭开了生殖和发育中的奥秘，引领着生命科学的发展。在这些技术的基础上，我国科学家自主开发了基于类精子干细胞的半克隆技术。该技术打破了生殖细胞不能在体外培养和增殖的限制，突破了哺乳动物基因改造的"天花板"，为多基因位点的复杂遗传改造、人类疾病模拟、个体水平的遗传筛选、哺乳动物的染色体改造提供了可行、可靠的技术路线。基于半克隆技术的 GTP 计划是面向新时代重大需求提出的大科学计划，具有自主知识产权、独创性和中国特色，将推动蛋白质研究和相关产业的发展。当然，科学技术的发展是无止境的，半克隆技术仍需要持续优化，如解决单倍体自发二倍体化问题，以及建立更多物种的单倍体细胞，将半克隆技术推广到更多的模式动物中。这些系统性研究将会促进生命科学的发展、造福人类健康。

致谢： 感谢朱雯婷、王欢欢等在撰稿和文字校对过程中提出的宝贵意见；本文中模式图素材来自 BioRender（https：//app. biorender. com/）。

参考文献

［1］ Gurdon J B. The developmental capacity of nuclei taken from intestinal epithelium cells of feeding tadpoles［J］. Journal of Embryology and Experimental Morphology, 1962,10:622 - 640.

［2］ Wilmut I, Schnieke A E, McWhir J, et al. Viable offspring derived from fetal and adult mammalian cells［J］. Nature, 1997,385:810 - 813.

［3］ Liu Z, Cai Y J, Wang Y, et al. Cloning of macaque monkeys by somatic cell nuclear transfer［J］. Cell, 2018,172(4):881 - 887.

［4］ Kawahara M, Wu Q, Takahashi N, et al. High-frequency generation of viable mice from engineered bi-maternal embryos［J］. Nature Biotechnology, 2007, 25(9):1045 - 1050.

［5］ Evans M J, Kaufman M H. Establishment in culture of pluripotential cells from mouse embryos［J］. Nature, 1981,292:154 - 156.

［6］ Kaufman M H, Robertson E J, Handyside A H, et al. Establishment of pluripotential cell lines from haploid mouse embryos［J］. Journal of Embryology and Experimental Morphology, 1983,73:249 - 261.

［7］ Leeb M, Wutz A. Derivation of haploid embryonic stem cells from mouse embryos［J］. Nature, 2011,479:131 - 134.

［8］ Elling U, Taubenschmid J, Wirnsberger G, et al. Forward and reverse genetics through derivation of haploid mouse embryonic stem cells[J]. Cell Stem Cell, 2011,9(6):563 – 574.

[9] Yang H, Shi L Y, Wang B A, et al. Generation of genetically modified mice by oocyte injection of androgenetic haploid embryonic stem cells[J]. Cell, 2012,149(3): 605 – 617.

[10] Li W, Shuai L, Wan H F, et al. Androgenetic haploid embryonic stem cells produce live transgenic mice[J]. Nature, 2012,490:407 – 411.

[11] Zhong C Q, Yin Q, Xie Z F, et al. CRISPR – Cas9-mediated genetic screening in mice with haploid embryonic stem cells carrying a guide RNA library[J]. Cell Stem Cell, 2015,17(2):221 – 232.

[12] Zhong C Q, Xie Z F, Yin Q, et al. Parthenogenetic haploid embryonic stem cells efficiently support mouse generation by oocyte injection[J]. Cell Research, 2016,26:131 – 134.

[13] Yin Q, Wang H Y, Li N, et al. Dosage effect of multiple genes accounts for multisystem disorder of myotonic dystrophy type 1[J]. Cell Research, 2020,30: 133 – 145.

[14] Bai M Z, Han Y J, Wu Y X, et al. Targeted genetic screening in mice through haploid embryonic stem cells identifies critical genes in bone development[J]. PLOS Biology, 2019,17:e3000350.

[15] Li Q, Li Y J, Yang S M, et al. CRISPR – Cas9-mediated base-editing screening in mice identifies DND1 amino acids that are critical for primordial germ cell development[J]. Nature Cell Biology, 2018,20:1315 – 1325.

[16] Zhang X M, Yan M, Yang Z H, et al. Creation of artificial karyotypes in mice reveals robustness of genome organization[J]. Cell Research, 2022,32:1026 – 1029.

脑机接口：消弭个体的边界

陶　虎　邹家俊

陶虎，中国科学院上海微系统与信息技术研究所研究员、副所长，传感技术国家重点实验室副主任、2020前沿实验室创始主任，国家高层次人才特殊支持计划领军人才，中国神经科学学会脑机接口和交互分会主任委员，国家"脑计划"类脑脑机方向责任专家组成员；长期从事生物与信息交叉融合技术（BTIT）的研究，创新性地将蚕丝转化为新型医用和信息功能材料，围绕脑机接口、生物存储、智能传感器和植入式医疗器械等方面开展深入研究；申请国内外相关专利60余项，已授权27项；在国际知名期刊发表学术论文80余篇，其中封面文章28篇。

邹家俊，华东师范大学神经生物学硕士，终身学习者，喜欢脑科学，坚信脑机接口必将改变世界。

你身体的边界在哪？

有人回答，我的皮肤划定了我和世界的边界。但我们总感觉自己的边界要再大一些，比如当一个陌生人和你的距离小于 1 米时，你会感到不适；要是只有半米，你甚至会浑身不自在。此时，你的边界不再是你的皮肤。

再想象一个场景，下班后你正驾驶着自己的爱车回家，心里想的是晚饭吃什么，时不时抬眼看看后视镜，确保自己不会和其他车相撞。总会有那么一刻，你觉得车和自己的身体融为一体，俗称"人车合一"，此时你的边界又扩展到了整辆车。

上述边界的拓展多是先天或被动的，那我们有可能主动拓展自己身体的边界吗？当然可以。脑机接口就是这样一种能拓展你物理边界和精神边界的技术。修复退化的感官，延展四肢触达的空间，甚至是让电影《阿凡达》中描绘的情境成真，这些都是脑机接口已经或正在实现的事。

边界修复

重建神经连接

我们对世界的认知来自大脑，即我们的神经系统，这个系统和其他所有身体系统最大的不一样是它具有可塑性。

什么是可塑性？举个最简单的例子，小朋友在学会说话前后，他们的大脑就发生了可塑性变化。

将"可塑性"换成脑科学的术语就是"一起放电，一起连接"（fire together，wire together）。

一句短语却几乎包含着人类世界全部的智慧。让我们将上面那句表达展开说说。大脑由神经元和神经胶质细胞构成，后者主要起支持作用，前者才是信息传递的主要载体。神经元的长相很特别，它们有很多触角，帮助它们和周围其他神经元建立连接，在连接处，信息通过电信号传递。于是，"fire together，wire together"就可以这样来理解：当神经元 A 持续并重复地参与诱发神经元 B 的活动时，A 和 B 之间的连接就会被强化。上述表达有两个关键点：一是重复，也就是多次发生；二是要有时间上的先后，即 A 的活动要发生在 B 前面。

一起放电，一起连接

那么神经可塑性和脑机接口又有什么关系？关系太大了，我们可以借助脑机接口来重塑神经系统。举个例子，很多瘫痪患者大脑中的"指令"神经元和分布在四肢的运动神经元间的连接被切断了。这时，我们可以在患者头上放置电极，实时记录他脑中正在发生的活动；同时，要求患者做运动想象，想象自己要抬起手或脚，一旦监测到这些"想象信号"，就立刻刺激信号所对应的肢体，从而模拟肢体接收到了大脑的指令，并行动起来。只要保证每一次指令发生后都有相应的行动，重复足够多次，我们就有希望重建瘫痪患者的神经连接[1]。

拓展阅读

　　在探索大脑奥秘的前沿领域，科学家们正致力于开发一种全新的技术——超声神经调控。这项技术利用超声波作为非侵入性的工具，通过精确的频率控制，直接作用于大脑的特定区域。超声波在这一过程中扮演着类似"指挥官"的角色，引导神经元的活动，实现对大脑功能的精细调节。超声神经调控潜力巨大，它为治疗一系列神经疾病提供了新的希望。例如，它可能有助于减轻帕金森病患者的震颤症状，缓解慢性疼痛，甚至可能对抑郁症的治疗产生积极影响。未来，超声神经调控或许能够成为我们调节大脑状态的有力工具，帮助人们达到更高层次的认知和情感平衡。这一领域的研究不仅对医学具有重要意义，也可能对人类自我理解的深度和广度产生深远影响[2]。

人工耳蜗

再来看另一项更为成熟的脑机接口应用——人工耳蜗。

20 世纪 60 年代，科学家就第一次提出了"人工耳蜗"的概念。1972 年，首个商业化人工耳蜗被植入人体。2023 年，全球人工耳蜗市场的规模约为 19 亿美元，并预计会在未来几年内继续增长。到 2033 年，市场规模有望达到 43 亿美元，复合年均增长率（CAGR）为 8.43%[3]。

很多听障人士的病灶在内耳，也就是耳蜗，而他们大脑中负责解读声音的神经元并未发生器质性的病变。于是，治疗这类听障人士的思路就变成用人工器官取代发生病变的耳蜗。一般的人工耳蜗至少包括三个部分：声音接收器、声音处理器和听皮质刺激器。声音接收器是一个小型的麦克风，在接收声音后，需要由声音处理器将声波转换成神经系统更为熟悉的电信号，最后再通过植入耳后皮肤的刺激器刺激听皮质，至此，声音重新被大脑感知到[4]。

对瘫痪患者和听障人士来说，脑机接口技术帮助他们重新找回了身体的边界。

用舌头"看"清世界

"我看见了美丽的景色"，这是一句普通的表达；"我尝到了美丽的景色"，这就变成了一句运用通感修辞的句子。通感，在脑科学领域，又被称作"联觉"，这是一种真实存在的现象，即一个感官的刺激引发了另一个感官的感觉或体验。

听觉、视觉、嗅觉和触觉，这些常见的感觉往往对应大脑皮质中特定的区域。一般来说，看到绚丽色彩的那一刻，视皮质会"欢呼雀跃"起来，而听皮质和嗅皮质等不会有什么反应。但如果在某一瞬间，绚丽的色彩让你的听皮质也开始"闪烁"，那么你将会感到颜色变得悦耳动听起来，在那一刻，联觉发生了。

现在，借助脑机接口技术，人类可以随时随地创造联觉体验，比如，用舌头"看"到这个世界。

事实上，美国已经有医疗器械公司推出了成熟的脑机接口产品，帮助盲人用舌头"重见光明"。这类产品再一次借助了神经系统的可塑性：在你的眼前架上一副特殊的眼镜，用来捕捉大千世界的影像，它能"读"出外界图像的大小、深度和角度等信息，这些信息经过一个信号转换器，变成电信号，再借助另一个设备将电信号导向放在舌头上的电极，多次重复上述步骤，你大体上就能"尝"出世界的样子了。

对大多数盲人来说，他们的视皮质一直都在，只是鲜少有从视网膜投射过来的视觉信号。将连接眼镜的电极放在他们的舌头上，舌头对应的感觉皮质就会密集地接收到神经电信号，而视皮质和舌头对应的感觉皮质又离得不远，"看着"感觉皮质噼里啪啦地放电，总有一些时刻，视皮质也会"耐不住性子"地参与其中。于是，一个奇怪的现象出现了，盲人的舌头接收到了电刺激，视皮质却对此做出了反应。至此，感觉皮质彻底"侵占"视皮质的地盘。更有意思的是，视皮质牢记自己的身份——在大脑中建立对外界图像的认知，也就是说，借助脑机接口技术，盲人朋友们成功地拓展了自己舌头的边界。

边界拓展

第6根手指

现在让我们再问一次那个问题：你身体的边界到底在哪里？

来看个经典实验：橡胶手错觉。实验人员让受试者坐在桌前，一只手放在桌上，另一只手放在桌下（最好是受试者目光正前方看不到的位置），同时，再将一个逼真的橡胶假手放在桌上，重点是要反复调整假手的位置，使其看起来就像是受试者那只放在桌下的手正放在桌上。紧跟着，实验人员用毛刷同时抚摸真手和假手。

现在想象你自己就是受试者，你觉得你能分清自己的真手和假手吗？"这我还能分不清吗"——想必这是你的第一反应，话别说得太早，实验继续进行。

在受试者走神的瞬间，实验人员掏出一把硕大的榔头，猛地砸向假手。每当这时，受试者们都会惊恐异常；榔头砸下后，有些受试者甚至说自己产生了明显的痛感，不管这些人事后做何解释，他们的恐惧神经元和痛觉神经元不会说谎，它们在榔头砸下前后涌起了强烈的反应。

也就是说，在那一瞬间，假手也被纳入了身体的边界。

类似地，我们还可以借助脑机接口控制外骨骼。伦敦大学学院的科学家给受试者准备了一根机械手指，固定在小拇指旁边，接着让受试者学着用脚来控制这根手指，他们大脚趾抠地的力会被转化成这第 6 根手指张开和闭合的动作。神经系统最"怕"重复，连续训练 5 天后，大多数受试者就能熟练地使用这根多出来的手指，一些人甚至能完成单手开瓶盖、单手打扑克牌的动作，更有人实现了 6 根手指弹吉他的壮举。显然，这多出来的一根没血没肉的手指，也被纳入了身体的边界。

世界杯上的"钢铁侠"

前文中我们讨论的几乎都是单向地给大脑输入指令或感觉，这是广义的脑机接口技术的最后一环。更多时候,科学家需要先拿到高质量的脑电信号,再对其进行解码,最后根据解码的结果将人工生成的反馈传回大脑,由此才形成了脑机接口的一个完整闭环[5]。

2014 年世界杯落户巴西,巴西裔脑机接口专家米格尔·尼科莱利斯(Miguel Nicolelis)誓让家门口的盛会青史留名。在这届世界杯开幕式上,29岁的巴西青年茹利亚诺·平托(Juliano Pinto)时隔 8 年再一次感受到了踢足球的快乐。而这一次,平托穿上了厚重的外骨骼,成为现实版的"钢铁侠"。

2014 年世界杯开球仪式

先说第一个环节——脑电采集和解码。借助放在头皮表面的电极,实验员能实时监测平托的脑电活动,这些脑电活动包含着纷繁冗杂的想法和意志。为了让脑电信号和运动想象一一对应,平托完成了成千上万次的训练,努力想象着那几个动作。千万别小看"想象"二字,为了捕捉到"纯净"的脑电信号,平托在想象每个动作时必须心无杂念,也许在想象抬脚动作时,思绪飘飞到马拉多纳（Maradona）的庆祝动作上，这次脑电信号采集就会功亏一篑。

接下来，进入下一个环节——外骨骼控制与感觉反馈。首先需要将脑电信号转换成清晰的运动指令，指挥外骨骼牵引瘫痪的肢体完成动作。在那之后，平托需要反馈。反馈无比重要，大脑最开始给出的指令不一定精确，需要实时调整，而调整就来自反馈，也就是说，每一个动作的完成都需要大脑与外周感觉神经多次交互。回到平托身上，开幕式当天绿茵场上草皮的触感，外界的温度、湿度和最重要的对球的触感，都需要借助外骨骼上附着的传感器传回至平托的大脑。借助外骨骼，平托成功地拓展了自己身体的边界[6]。

现实版"阿凡达"

到这里，我们对脑机接口的讨论都局限在自己身体的周围，且操控的机械也相对简单。那我们能否像电影《阿凡达》中那样躺在家中，操控千里之外的复杂身体呢？这个构想，米格尔教授用一只名叫"伊多亚"的猴子实现了[7]。

作为一只猴子，伊多亚更习惯四足行走，但如果把它放在跑步机上，并在它每次直立行走后都给它奉上好吃的水果，那两足行走对它来说也完全可以接受。重点来了，在伊多亚行走时，米格尔团队记录了它皮质中几百个神经元的电活动，然后他们对这些电活动进行解码，即寻找这些神经元不同的放电模式和行走动作之间的相关性，一旦强相关性被找到，研究人员们就可以借助脑电信号来预测伊多亚的动作。

上述实验，只要受试者配合，全世界大多数电生理实验室都可以完成，米格尔教授显然不满足于此，他想让伊多亚完成一组更具科幻感的动作——

用它的皮质脑电控制千里之外的一个机器人的运动。

现实版"阿凡达"

实验开始，伊多亚又一次站上了跑步机，它的右臀、膝盖和脚踝部位都被涂上了荧光颜料，当它移动下肢开始行走时，天花板上的摄影机能捕捉到荧光颜料反射的光。借助这套设备，伊多亚腿部的每一个细微动作，都会被准确地记录下来，且能被定量描述。利用线性回归方程，成百上千个皮质神经元的放电信号就能被转化成对伊多亚腿部的三维空间位置的预测值，不断调整线性方程的系数，使得预测值和实际值不断逼近，最后线性方程的系数稳定在某一个特定值，该值的确定标志着解码模型搭建成功。

接下来，伊多亚每一次行走前，它脑子里的"意图"都会被精准地转化为运动指令，并被传输给大洋彼岸的一个机器人。

这里岔开一句，虽然每次伊多亚完成的都是同样的行走动作，但每一次的实验中模型都需要调整，甚至是重新训练。这是由于神经系统具有简并性，即在大脑中，任何动作或念头的表征，都有远不止一套的"神经元解决方案"。也就是说，即便是完全一致的动作和环境，伊多亚都可能会动用另一套不同的神经元来完成。

回到实验，机器人的运动画面会被传回到伊多亚面前的显示屏上，它脑子里刚一动迈左腿的念头，机器人就会分毫不差地抬起左腿。更神奇的是，借助高速电缆，从伊多亚起心动念到看到机器人开始动作的时间间隔，甚至小于伊多亚控制自己抬腿所需的时间，也许在伊多亚看来，那条机器人的腿比它自己的腿更"听话"。

为了进一步验证伊多亚是否意识到了自己拥有"阿凡达"般的超能力，米格尔团队将它脚下的跑步机关停了。紧跟着，激动人心的时刻出现了，机器人的腿没有随之停下，而是继续平稳地行走着，这意味着，伊多亚正主动地用自己的脑电控制着远方的钢铁之躯。用米格尔的话说，这是"机器人迈出的一小步，灵长类迈出的一大步"。

如此看来，我们身体的边界完全可以拓展到任意电信号能触达的地方。

精神边界的拓展

想必你一定有过这样的体验：一个阳光和煦的午后，你拿起一本小说读了起来，再一抬头，天黑了，对，就是那种时间悄然溜走的感觉。脑科学家为这种心无旁骛的状态起了个好听的名字——心流。

心流是一种美好的状态，更是一种做事效率极高的状态，我们能否主动创造它呢？脑机接口正在让这件事成真。

拓展阅读

　　"心流"这一心理学概念描述了个体在全神贯注于某项活动时，所经历的一种高度集中和满足的心理状态。在这种状态下，个体往往会忘却时间的流逝，体验到一种深刻的专注和内在的满足。例如，当你沉浸在一款引人入胜的游戏中，或是在创作一幅画作时，你可能会完全忽略周围的环境，这就是心流体验。心理学家们发现心流往往出现在任务难度与个人技能水平相匹配的情况下。任务过于简单可能导致乏味，而任务难度过高则可能引起焦虑。只有在完成挑战难度与技能水平相平衡的任务时，心流状态才可能发生。在心流状态下，大脑会释放多巴胺等神经递质，带来愉悦感和成就感。

　　那些正处于心流状态的人的脑电波介于 α 和 θ 频段之间——8 赫兹左右，我们完全可以借助外部输入来诱发这种特征性的脑电波，主动进入心流状态。这是一项非常前沿且极具想象力的技术。

　　"消耗更少的能量，传递更多的信息"永远是人类世界发展的主轴之一，这与脑机接口的终极图景不谋而合：我们最想连接的不是计算机，而是人，"机"只是一个载体。因此，脑-脑接口也被提上了日程。

　　你肯定有过怎么都表达不清楚自己意思的时候，有时是表达技巧的问题，但更多时候，是那个意思本身只可意会，难以言传。著名科幻小说《三体》中的三体人就不会被这件事困扰，因为他们的思想是透明的，不用对话就可以实现高效的实时沟通；而借助脑-脑接口，我们人类也有希望进入那个信息沟通效率极大提升、误解和尴尬都不复存在的世界。科学家在这件事上已经取得了一些进展，比如 2018 年，华盛顿大学的几名研究者成功让 3 名受试者在仅靠脑电波交流的情况下默契地玩起了俄罗斯方块游戏。

再进一步，脑-脑接口可以不是实时的，如果把脑中的电活动上传，或者储存在 U 盘里，那将会彻底抹去沟通成本。更进一步，我们甚至可以上传自己的意识到数字世界中，让自己在数字层面实现永生，到那时，个体的物理边界和精神边界将被彻底打破。

回到电极

让我们暂时收束想象力，重新将目光聚焦于器件和脑组织接触的第一界面——神经电极，它既是各种刺激的发起点，又是脑电信号获取的起点，因此，说电极是脑机接口的钥匙一点也不为过。然而，这把钥匙的材质选择关乎着整个系统的安全与效能。传统的金属电极虽然在短期内能够完成任务，但长期来看，它一定会伤害脆弱的脑组织，从而引发身体的炎症反应。这就像是在精密的钟表中放入了一块粗糙的石子，不仅影响钟表的运转，还可能造成不可逆转的损伤[8]。

有人说，进化论是这个地球上最为靠谱的成功学，接触生物组织还要靠生物材料，这是脑虎科技开发蚕丝蛋白电极的初心。蚕丝这种古老的材料，不仅承载着千年的文化，而且以其独特的生物相容性和机械性能，成为开启脑机接口的绝佳"钥匙"。

蚕丝蛋白能够在脑内长期稳定存在而不引起免疫反应。更重要的是，蚕丝蛋白具有可控的降解性，这意味着它能够在完成使命后，逐渐被身体吸收，不留任何痕迹。除了拥有良好的生物相容性，蚕丝蛋白的力学性能更是优异。在实际应用中，蚕丝蛋白电极的植入过程非常温和，这能够减少对血管的损伤，降低出血风险。同时，其柔软的质地也减少了对脑组织的切割伤害。

结语

脑机接口技术的飞速发展，让我们看到了一个充满无限可能的新时代。脑机接口不仅拓展了我们的身体能力，更深化了我们对精神世界的理解。面对这一历史性的机遇，我们应保持谦逊与敬畏之心，谨慎前行，也希望我们能共同见证脑机接口为人类世界开启的美好未来。

参考文献

［1］ Wang W, Collinger J L, Perez M A, et al. Neural interface technology for rehabilitation: exploiting and promoting neuroplasticity［J］. Physical Medicine and Rehabilitation Clinics of North America, 2010,21(1):157–178.

［2］ Tyler W J, Lani S W, Hwang G M. Ultrasonic modulation of neural circuit activity［J］. Current Opinion in Neurobiology, 2018,50:222–231.

［3］ Cochlear. Global Cochlear implant market by type(unilateral implants and bilateral implants), by patient (adult, pediatric), by end–user (hospitals, ENT clinics, ambulatory surgical centers), by region and companies-industry segment outlook, market assessment, competition scenario, trends and forecast 2024–2033［R］. 2024.

［4］ Shintaku H, Nakagawa T. Kitagawa D et al. Development of piezoelectric acoustic sensor with frequency selectivity for artificial cochlea［J］. Sensors and Actuators A: Physical, 2010,158(2):183–192.

［5］ Nicolelis M A L. Brain-to-brain interfaces: when reality meets science fiction［J］. Cerebrum: The Dana Forum on Brain Science, 2014:13.

［6］ Lebedev M A, Nicolelis M A L. Brain-machine interfaces: past, present and future[J]. Trends in Neurosciences, 2006,29(9):536 - 546.

[7] Wessberg J, Stambaugh C R, Kralik J D, et al. Real-time prediction of hand trajectory by ensembles of cortical neurons in primates[J]. Nature, 2000,408 (6810):361 - 365.

[8] Zhou Y, Gu C, Liang J Z, et al. A silk-based self-adaptive flexible opto-electro neural probe[J]. Microsystems & Nanoengineering, 2022,8(1):118.

致幻剂：从"通灵"到"治病"

黎　杰　蒋育婷　袁逖飞

黎杰，上海交通大学医学院附属精神卫生中心博士，主要研究方向为情绪和记忆相关精神障碍的精神药理学，曾以第一或共同第一作者在《神经元》（*Neuron*）、《神经药理学》（*Neuropharmacology*）等期刊上发表论文。

蒋育婷，上海交通大学医学院附属精神卫生中心精神病与精神卫生学博士，主要从事体温及代谢等稳态的神经调控及成瘾的神经可塑性机制研究。

袁逖飞，国家精神疾病医学中心脑健康研究院执行院长，上海交通大学医学院附属精神卫生中心教授、博士生导师；先后在中山大学、香港大学、日内瓦大学分别获得本科、硕士及博士学位。袁逖飞团队致力于解析精神疾病的神经可塑性机制，在此基础上创新基于物理调控和药物的干预手段；综合采用神经生物学（环路细胞、电生理、活体成像），认知科学（人脑刺激、认知测量、计算模型），心理学，生物医学工程等多学科技术手段，在

成瘾/抑郁的神经机制与干预领域取得了一系列进展。袁逖飞近五年的代表性论文发表在《自然-神经科学》（*Nature Neuroscience*）、《神经元》（*Neuron*）、《科学进展》（*Science Advances*）、《分子精神病学》（*Molecular Psychiatry*）等期刊上；担任《大脑》（*Brain*）等期刊编委；获国家杰出青年科学基金资助。

1943 年 4 月 16 日，瑞士药物化学家阿尔伯特·霍夫曼（Albert Hofmann）在实验室工作时不小心将一些药粉撒到了手上，随后他很快出现迷幻状态，大约过了两个小时这种状态才渐渐消失。这些药粉是他在研究一种可以刺激呼吸和循环系统的药物时，无意中利用麦角中所含的麦角胺、麦角新碱合成的。为了再次探知这种奇异的感觉，4 月 19 日，霍夫曼有意服用了剂量非常小的该药物，30 分钟后迷幻状态再次出现，于是无法再继续工作的他骑上自行车飞奔回家。霍夫曼清醒后详细描述了他的体验："在我的视野里，每一样东西都是摇晃失真的，就像在哈哈镜中影像被扭曲那样。我还有不能移动的感觉。这种眩晕和昏厥的感觉在一段时间里变得非常强烈，我不能站立，不得不躺到沙发上。我四周的一切变成更加恐怖的状态。屋子里的所有东西都在旋转，这些熟悉的物品和一件件家具都变成荒诞、恐怖的样子，它们不停地移动，栩栩如生，就像被一种不安定的内力所驱使。我几乎没能认出我的女邻居，她似乎变成了一个恶毒、阴险的巫婆，戴着五颜六色的面具。"至此，第一个人工合成的致幻剂——麦角酸二乙基酰胺（LSD）的致幻作用被发现，这一天也被称为"自行车日"。

什么是幻觉和致幻剂？

其实，霍夫曼发现的 LSD 并非第一种致幻剂，以大麻和南美洲亚马孙雨林的死藤水为代表的自然来源致幻剂已被人类使用了数千年。在漫长的历史实践中，致幻剂的其他作用逐渐被发现。长久以来，某些致幻剂如大麻、LSD 逐渐被用于娱乐，因此在许多国家被列为管制药物。然而近年来，越来越多的科学家和医学专家开始关注致幻剂对于疾病，尤其是精神障碍的治疗作用。随着药物化学和生物医学的发展，有可能在现有致幻剂的基础上开发低致幻、非成瘾和疗效更好的致幻剂类似物。现代科学正在让致幻剂从"脱缰的猛兽"向"温驯的良药"演变。

医学上将幻觉定义为在没有现象刺激作用于感觉器官时出现的虚幻的知觉体验。简而言之，就是看到、听到、感觉到不存在的事物。幻觉是精神分裂症等精神疾病的典型症状，但绝不是只有精神障碍患者才存在幻觉。正常人在特定条件下也会出现幻觉，例如当我们期盼亲人早点回家时，耳畔就仿佛传来脚步声和敲门声。事实上，大多数人都曾经有过产生幻觉的体验。近年来，科学界有观点认为幻觉和正常感知觉一样，是大脑对外界信息重构的结果。例如 2017 年《科学》（*Science*）杂志中一篇文章就提道："当我们和世界交互时，并不只是被动地通过眼睛和耳朵感知感官输入。事实上，我们在头脑中建立了一个模型，来预测会出现什么。当这些预测没有实现时，有时可能会转化为幻觉。"因此，某种意义上来说幻觉不仅不是"洪水猛兽"，甚至可以说是正常大脑运行的生物学过程。

致幻剂是指影响人的中枢神经系统，可引起感觉和情绪上的变化，对时间和空间产生错觉、幻觉的一类天然或人工合成物质。致幻剂按照是否作用于 5-羟色胺（5-HT）受体，可分为经典致幻剂和非经典致幻剂。具有 5-HT_{2A} 受体激动作用的致幻剂称为"经典致幻剂"，如赛洛西宾、LSD 和麦司卡林等；不与 5-HT_{2A} 受体结合的致幻剂称为"非经典致幻剂"，包括大麻、亚甲二氧甲基苯丙胺（MDMA）[1]。

在作用于 5-HT_{2A} 受体的经典致幻剂中，按照核心结构不同可以再分为色胺、苯烷基胺和麦角碱三类。色胺类的代表性物质为赛洛西宾和二甲基色胺（DMT）。前者是迷幻蘑菇的有效成分，近年来被发现有抗抑郁、减少酒精成瘾等作用；后者则是南美洲"通灵饮料"死藤水的有效成分。麦角碱类的代表物质为 LSD，即"自行车日"的主角。苯烷基胺类的核心结构比较简单，代表性物质包括二甲氧基溴代苯丙胺（DOB）和二甲氧基甲基苯丙胺（DOM）。

致幻剂的前世今生

早在数千年前，人类便开始主动使用致幻剂。根据 2019 年发表在《科学进展》（*Science Advances*）上的一项考古研究，有直接证据表明早在至少 2500 年前，帕米尔高原的居民就开始使用陶器加热大麻，进行致幻活动。在人类社会早期，致幻剂主要被用于宗教仪式。例如在南美洲的萨满仪式中，会让人们集体饮用由卡拔木（也称死藤）煮制而成的死藤水，这一过程被认为"有利于与神灵交流"。在此基础上，致幻剂（如死藤水和迷幻蘑菇）被巫医们用于缓解疾病带来的痛苦。

此外，历史上还出现过一些与致幻剂相关的事件，例如 17 世纪发生的臭名昭著的塞勒姆灭巫事件：塞勒姆镇一个牧师的女儿突然得了一种当时叫作"跳舞病"的怪病。人们认为这是巫术所致，是村里的黑人女奴和另一个女乞丐，还有一个从来不去教堂的孤僻老妇人施展的巫术。人们对这 3 名女性严刑逼供，最终导致 20 多人先后死于这起冤案，另有 200 多人被逮捕或监禁。但事实上，这起事件的真相是人们误食了感染麦角菌的大麦，摄入致幻物质所致，而非所谓的巫术所致。

由此可见，人们虽早就开始使用致幻剂，但并未对其做过科学研究。直到近两个世纪，尤其是霍夫曼合成 LSD 以后，致幻剂才作为治疗药物被广泛应用。到 20 世纪 60 年代，已经有多项临床试验试图研究 LSD 和赛洛西宾等致幻剂对精神疾病的治疗作用。然而，随着多个国家将致幻剂列为管制药物，从 20 世纪 70 年代开始，与致幻剂相关的研究沉寂了数十年。近十年来，随着药物化学和生命科学的进步，科学界再次被致幻剂的神奇作用所吸引，致幻剂不仅被认为有巨大的治疗潜力，而且有助于帮助我们认识意识的本质和大脑的工作模式。在此期间，与致幻剂相关的研究迅速复兴，并且取得了一些振奋人心的研究结果。

"迷幻之旅"背后的神经科学原理

19 世纪 50 年代，一位美国的精神科医生奥斯卡·简尼格（Oscar Janiger）曾经让某位艺术家服用了 50 毫克的 LSD，并让艺术家在服药后每隔一小时为他画一幅画像。在接下来的 9 幅素描中，画作的线条由平静到粗犷到奔放，轮廓开始时稳定，很快明显变形，表明艺术家对现实的感知已经出现了扭曲，并且随着药效发作愈演愈烈。这样奇幻的体验与我们大脑中的神经递质 5－HT 有关。我们前面提到的大部分致幻剂，包括 LSD、赛洛西宾都属于 5－HT 受体激动剂，主要通过与 5－HT_{2A} 受体结合，激活下游通路，产生一系列复杂的神经生物学过程，因此不需要依赖眼耳口鼻，可以绕过感官直接产生知觉。5－HT_{2A} 受体的激活也与许多高级智能活动相关，因此服用致幻剂之后也会产生广泛的情绪、认知、意识活动的改变。

不同的人服用同一种致幻剂后可能会看到不同的景象，这主要受个体的经验和经历影响。那不同的致幻剂是否会产生不同的幻觉体验？美国一位疯狂的艺术家布赖恩·桑德斯（Bryan Saunders）的画作或许能提供答案。他从 1995 年开始尝试吞下各式各样可能产生幻觉体验的毒品和药物，并在每次使用后画下一幅自画像，20 多年来创作了超过 8000 幅相关的画像。在他进食了迷幻蘑菇之后，听觉等感觉会变得更加敏感，所创作的画像的色彩看起来异常缤纷，线条扭曲，像是进入了迷幻瑰丽的世界。他服用可卡因后画的自画像则线条粗放，画面张力十足，看起来整个人精力充沛，兴奋得像是要爆炸了一样。

不同致幻剂产生不同致幻效果可能主要出于以下两个原因：一方面，不同致幻剂分子与不同的受体结合。虽然我们初步认为致幻剂主要作用于 5－HT_{2A} 受体，但苯乙胺类（如麦司卡林）是 5－HT_{2B} 和 5－HT_{2C} 受体的激动剂，而色胺类结构致幻剂的效应可同时由 5－HT_{1A} 和 5－HT_{2A} 受体介导[1]。有研究表明，部分致幻剂，如二甲氧基碘代苯丙胺（DOI），在低剂量时主要激活 5－HT_{2A} 受体，但在高剂量时会激活 5－HT_{2C} 受体，产生与低剂量激活相反的效应。另一方面，尽管不同致幻剂分子都结合 5－HT_{2A} 受体，但可通过激活下游不同的通路发挥不同的作用[2]。这也为后续科学家改造致幻剂分子结构及靶点提供了新思路。

此外，5-HT$_{2A}$受体在中枢神经系统分布广泛，在大脑皮质区域密度很高，尤其是在大脑前额叶皮质第Ⅴ层锥体细胞群。这或许能解释为什么致幻剂激活的5-HT$_{2A}$受体诱导的神经可塑性变化，会在高级脑功能上被感知。神经影像学的证据表明，与服用安慰剂组的大脑相比，致幻剂作用下大脑功能的整合程度大大提高，不同大脑神经单元之间的交互明显增多。不同于传统药物只作用于局部脑区或特定神经环路，这种大脑网络整体性的改变使得致幻剂能在更高维度上将生物学基础与心理现象统合起来，从而带来一种心理上超然体验的改变。

致幻剂是把双刃剑

自霍夫曼的第一次LSD之旅之后，公众对致幻剂的兴趣便日益提升，许多艺术家借助致幻剂寻找创作的灵感。美国作家凯鲁亚克（Kerouac）服用致幻剂后，在持续亢奋的状态下一口气写完了12万字的著作《在路上》，这本书对美国20世纪60年代的嬉皮士运动产生了很大影响。风靡全球的披头士乐队的迷幻摇滚风格也与成员的药物滥用不无关系。但由于生产、销售和使用都缺乏监管，致幻剂的负面效果也一度造成政府和社会的恐慌，最终在20世纪70年代，致幻剂被全面严格禁止。

诚然，致幻剂的致幻作用、潜在的成瘾性和副作用令人闻之色变。但实际上，致幻剂早在引起科学家注意之初，就被认为具有治疗精神疾病的潜力，并衍生出多项研究。在被禁之后，大批研究人员并不甘心致幻剂的临床价值被埋没，在他们的不懈努力下，近十年来，被"打入冷宫"的致幻剂终于又能"重见天日"。

2016 年，卡哈特-哈里斯（Carhart-Harris）教授及其团队在《柳叶刀-精神病学》（*Lancet Psychiatry*）杂志上报道了一个用赛洛西宾治疗难治性抑郁症的小样本临床研究，在两次连续用药之后，患者的抑郁症状明显改善，效果持续三个月以上[3]。后来，他们又让健康受试者在有监护的情况下服用致幻剂，进行脑功能影像学扫描，结果发现受试者大脑中，默认网络（DMN）中的血流逐渐减少。卡哈特-哈里斯认为 DMN 发生的这种深刻而有意义的改变表明，迷幻药就像一个重启按钮，降低了 DMN 的活跃程度，通过打破大脑惯常的活动模式来改变固有的思维方式，从而对某些精神疾病如抑郁症、强迫症产生治疗作用。2019 年，卡哈特-哈里斯在伦敦帝国理工大学成立了世界上首个致幻剂研究中心，致力于研究致幻剂在改善心理健康方面的积极作用，以及将其作为探索大脑意识基础的工具的作用。

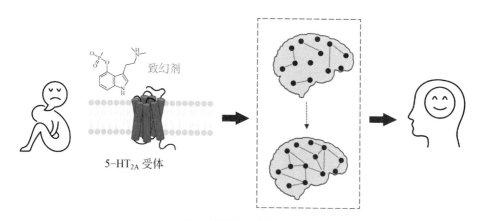

致幻剂提高大脑整合度

如今将致幻剂用于临床研究有两个问题最值得关注：一是对于传统药物难以治疗的精神疾病，致幻剂能否治疗？二是对于传统药物能治疗的精神疾病，致幻剂能否达到更好的疗效？

　　可喜的是，对于传统抗抑郁药物束手无策的难治性抑郁症，已经有研究证明致幻剂具有很大的应用空间，对于传统药物有一定疗效的抑郁症，致幻剂呈现出短期内起效快、疗效更持久、副作用小等优势。2019 年，美国食品药品监督管理局（FDA）已经批准将赛洛西宾用于治疗药物抵抗性抑郁症。

　　除了抑郁症研究，致幻剂用于治疗其他精神疾病的研究也在世界范围内如火如荼地进行着，例如对创伤后应激障碍（PTSD）和酒精使用障碍的治疗已经在临床研究中获得了肯定的证据。2021 年，《自然 - 医学》（*Nature Medicine*）杂志报道了一项用于辅助治疗 PTSD 的三期临床实验，结果显示 MDMA 的治疗效果非常好，甚至可能优于目前最常用的选择性 5 - 羟色胺再摄取抑制剂（SSRI）类药物，并且其安全性和耐受性也良好[4]。2022 年，一项发表在《美国医学会杂志 - 精神病学》（*JAMA Psychiatry*）上的研究发现，与安慰剂组相比，接受 32 周迷幻蘑菇提取物赛洛西宾治疗的患者后期酗酒程度显著降低，表明致幻剂与心理治疗联用对酒精成瘾具有长期治疗效果[5]。

　　但仍需指出的是，致幻剂从科学研究真正走向临床应用仍然有两个非常重要的问题亟待回答。首先，关于致幻剂治疗精神疾病的机理目前尚无确切的答案。尽管近年来科学家进行了大量的探索，并取得了诸多进展。有研究表明，致幻剂进入大脑后，能引起树突棘密度持续增加，使神经信号传递效率大幅提升；处于精神疾病状态的大脑各区域往往协调性下降，而致幻剂通过提高大脑功能整体性，使其"齐心协力"，从而达到治疗效果。还有一部分人认为，致幻剂可以使大脑进入一个开放的状态，增强使用者的心理可塑性，从而增强心理治疗的效果。但同时这也带来了第二个问题，即致幻剂在发挥治疗作用时，致幻效果是否是必需的？虽然致幻剂在生理上的副作用较小，且通常是暂时性的，但是使用致幻剂后会带来知觉异常、感觉混杂、情绪大起大落等问题,以及部分个案报道服用致幻剂后的急性反应中出现了惊恐、暴力念头和自残行为。因此致幻剂机制的复杂程度和致幻副作用使其在被推向临床时存在一些阻力。

面对第一个问题,鼓舞人心的是,现在以及未来很长一段时间,针对致幻剂机制的研究必将呈现爆发式增长,许多新技术的出现让致幻作用有迹可循。高密度脑电、高密度磁共振等观测技术和脑深部电刺激(DBS)、经颅磁刺激(TMS)等神经调控技术让我们未来可以在研究致幻过程中的脑功能变化时实现高时间分辨率和高空间分辨率。再结合透明脑、单细胞精度钙成像等动物实验新技术,以及机器学习等高通量分析技术,让"神奇"的致幻作用在神经机制上有迹可循。针对第二个问题,将致幻剂的"疗效"与"副作用"分离已经不再是天方夜谭。自 2020 年开始,许多研究人员通过改造小分子药物,使致幻剂结合 $5-HT_{2A}$ 受体后,只选择性地激活抗抑郁作用的下游通路,不产生致幻作用[6]。

结语

致幻剂的历史可以从远古时代的萨满"通灵"之水追溯到 1943 年人类第一次有意识地使用人工合成致幻剂,在经历了长达数十年的"冰封时期"后,近年来又因其对精神疾病的巨大治疗潜力重回大众视野。尽管围绕在它身上的许多谜团还未解开,我们仍有理由相信,随着越来越多科学研究的开展,以及药品生产和应用的精细化管控,假以时日,致幻剂作为一种极具前景的物质将在精神疾病的治疗乃至神经科学和心理学研究中掀起一场革新的风暴。

参考文献

［1］ Nichols D E. Hallucinogens［J］. Pharmacology & Therapeutics, 2004, 101(2):131 – 181.

［2］ Kim K, Che T, Panova O, et al. Structure of a hallucinogen-activated Gq-coupled 5 – HT$_{2A}$ serotonin receptor［J］. Cell, 2020, 182(6):1574 – 1588.

［3］ Carhart-Harris R L, Bolstridge M, Rucker J, et al. Psilocybin with psychological support for treatment-resistant depression: an open-label feasibility study［J］. The Lancet Psychiatry, 2016, 3(7):619 – 627.

［4］ Mitchell J M, Bogenschutz M, Lilienstein A, et al. MDMA-assisted therapy for severe PTSD: a randomized, double-blind, placebo-controlled phase 3 study［J］. Nature Medicine, 2021, 27:1025 – 1033.

［5］ Bogenschutz M, Ross S, Bhat S, et al. Percentage of heavy drinking days following psilocybin-assisted psychotherapy vs placebo in the treatment of adult patients with alcohol use disorder: a randomized clinical trial［J］. JAMA Psychiatry, 2022, 79(10):953 – 962.

［6］ Cao D M, Yu J, Wang H, et al. Structure-based discovery of nonhallucinogenic psychedelic analogs［J］. Science, 2022, 375(6579):403 – 411.

聚焦超声：妇产科的"隔山打牛超能力"

王玉东　周　赟

王玉东，中国福利会国际和平妇幼保健院院长，医学博士、主任医师、博士生导师，James 肿瘤医院访问学者，上海市优秀学术带头人；先后荣获"上海工匠""沪上名医""上海市仁心医师"等称号。国家卫生健康委员会四级妇科内镜手术培训基地及上海市女性肿瘤生殖重点专科负责人，成立中国首个肿瘤生殖分会，带领团队获批国家卫生健康委员会第一批"一带一路"医学人才培养联盟妇科内镜医师培养项目成员单位；提出针对宫颈癌新的微创手术——"打坎儿井"术式，术后5年生存率位居上海申康医院发展中心管理的医院首位，率先在国际上提出异位妊娠快速诊断方法；参编《异位妊娠》，获得上海市医学科技成果推广奖；完成国内第一台相控聚焦超声治疗子宫肌瘤的临床转化（国际先进），提出无创的截断治疗模式，首先提出抗精神病类药物及循环冷冻技术治疗子宫内膜癌的观点。

周赟，中国福利会国际和平妇幼保健院超声科副主任医师，擅长妇产科超声诊断工作，尤其是妇科良恶性肿瘤的超声鉴别诊断；联合上海交通大学开展医疗器械领域的医工交叉合作，结合 B 超图像实时引导并利用相控聚焦系统电子偏转聚焦的灵活性，通过对肿瘤滋养动脉的准确定位、适形靶区立体覆盖，开展阻断肿瘤滋养动脉的无创截断治疗方法。

从应用角度来看，医学超声可以分为诊断超声和治疗超声。诊断超声主要以高频低能量的形式应用于医学领域，以探查和提取人体信息为目的，一般不会导致人体组织产生不可逆转的生理变化；而治疗超声主要以低频（相对诊断超声而言）高能量的形式作用于人体，使人体组织发生某种有利于疾病治疗或是身体康复的变化。根据所用超声强度的不同，治疗超声又可分为理疗超声、热疗超声和高强度聚焦超声。

我们可以用放大镜和一张纸做一个小实验。在实验现场，太阳光通过放大镜聚焦到纸上，纸被烧出了一个窟窿，很快就冒烟了，随着光点的移动，纸一直跟着不停地燃烧。这是因为阳光通过放大镜的折射后，形成了温度很高的聚光，聚光会点燃可燃物。其实，高强度聚焦超声（HIFU）也会产生类似放大镜的聚光效果，是一种利用聚焦的超声波能量，在体内作用于特定区域的非侵入性治疗技术。HIFU具有安全、有效、无放射损伤、痛苦小、术后恢复快等特点。目前，HIFU在妇产科主要用于治疗子宫肌瘤和子宫腺肌病，有关其治疗其他妇产科疾病的研究也正逐步开展。HIFU在妇产科领域的应用范围愈加广泛，是未来微无创治疗的发展方向。

超声用于治疗肿瘤的历史

肿瘤的热疗法有悠久的历史。据文字记载，1816 年，科利（Coley）发现一名患者颈部的圆细胞肉瘤经过丹毒阵发性发热之后自行消退。在这一发现的启示下，人们开始用各种办法使人体周身或局部发热，对肿瘤进行治疗，取得了一定的疗效。到 20 世纪 70 年代，科学技术迅速发展，高频、微波和超声技术被引入作为加热手段。特别是超声技术，由于其安全、可对深部肿瘤加热而格外受到青睐。

热疗超声是将大块组织加温并使其保持在 43～45 摄氏度，以抑制、杀死癌细胞。热疗超声的一个关键问题是要求在较长的治疗时间内使癌体温度保持在 43～45 摄氏度之间，这就对测温和控温技术提出了相当苛刻的要求。由于缺乏相应的无损测温技术，因此当被加热的组织中存在大血管时，大血管与周围组织热量交换较多，热疗往往难以达到预期的效果，使热疗的发展受到限制。

高强度聚焦超声（HIFU）是在常规热疗的基础上发展起来的。1942 年，林恩（Lynn）首先提出了"超声外科"的概念，他采用凹球面石英晶体产生高强度声束，作为神经外科研究的辅助手段[1]。后来，弗莱（Fry）做了发展，主要仍应用于神经外科，他尝试采用聚苯乙烯透镜使平面声波聚焦，通过将高能量的声波在距声源一定距离处聚焦，可以将焦域内的肿瘤组织全部杀死，而焦域外组织不受伤害[2]。1956 年，布罗夫（Burov）首次提出：治疗肿瘤时，短时间的高强度聚焦超声辐照比长时间的低强度辐照效果更好。HIFU 使用低兆赫量级频率的超声束在人体外进行聚焦，使焦点的声强高达每平方厘米几千至几万瓦。声束以体表可以接受的低声强进入人体，使焦点置于靶组织（如肿瘤）上，短时间（0.5 至 5 秒）辐照使靶组织温度升到 60 摄氏度以上，致其急性热坏死而又不损伤周围正常组织。高强度聚焦超声已被当作肿瘤治疗的一种重要手段加以研究。

HIFU 越来越多地被用于不同的医学领域，其中一个特别热门的领域是肿瘤学。在寻求优化癌症治疗的过程中，HIFU 正在成为一种有前途的多功能技术，既可以作为一种新型的独立治疗方法，又可以作为一种可以增强现有药物治疗效果的技术，已经成功应用于实质性肿瘤和非肿瘤的治疗。HIFU 治疗由两种成像方式引导：超声和磁共振。2004 年，由磁共振引导的 HIFU 消融术被美国食品药品监督管理局批准用于治疗有症状的子宫肌瘤。由超声引导的 HIFU 设备可实现超声实时成像，治疗效率更高，且临床应用时间长，技术更成熟，安全性更有保障。由磁共振引导的 HIFU 设备优势在于磁共振图像清晰，并且是温控监测效果，便于学习与掌握。受限于现在的科学技术，以及较短的临床应用时间，由磁共振引导的 HIFU 还不够成熟，但是在未来，随着成像时间的缩短及测温技术的进一步成熟，由磁共振引导的 HIFU 是一种非常有前景的方法。

电子相控阵聚焦技术——21 世纪绿色肿瘤治疗手段

HIFU 肿瘤治疗系统的核心部件是聚焦超声换能器，其结构分为单元式和多元阵式两种。多元相控阵换能器具有"焦点和扫描灵活多变"及"可多点同时聚焦"等特点，是当今 HIFU 技术的发展趋势。通过对几十个甚至几百个阵元实施相位的精确控制，可以自由控制焦点数目和位置，从而提高治疗准确性和治疗速度。电子相控阵聚焦的主要优点是不需要机械移动，扫描速度快，精确度高，而且可以根据肿瘤的大小和位置来设定聚焦方式，通过电路来控制焦点，根据需要预先设定好加热图，这样不仅节省了时间，而且给有骨骼遮挡（如肝）部位的肿瘤治疗提供了方便。利用此方法可以一次形成多焦点，对于较大体积的治疗区域，这种治疗模式不仅可以减少治疗时间，提高治疗效率，而且对比单焦点扫描方式可以获得更好的声场分布，达到较好的治疗效果。在实际治疗中，相控方式还可以通过调节发射时间，补偿由移动或组织非均匀等因素造成的畸变。

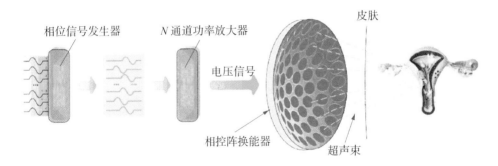

电子相控阵高强度聚焦超声示意图

高强度聚焦超声的应用——生生不息，保护生育力

HIFU 已广泛应用于妇产科领域，尤其适用于需要保留子宫器官功能的治疗。

子宫肌瘤

子宫肌瘤是最常见的女性生殖系统良性及多发肿瘤，发病率可达 20%～25%，对于有明显症状的子宫肌瘤，手术切除是最常见的治疗手段。由于子宫动脉供给卵巢的血液约占卵巢总供血量的 1/2，因此切除子宫可能使卵巢功

能衰退，导致围绝经期综合征、骨质疏松、心血管疾病等的发病率增高，且
患者对手术接受度差，不仅会产生手术所致创伤，对女性心理也有较大影响。
而微创手术往往价格昂贵，存在一定的术后并发症风险。对未生育女性患者
而言，需要保留她们的生育功能，行单纯肌瘤切除术需要严格遵循避孕时间，
因此往往会使患者错过最佳受孕时间。

高强度聚焦超声可直接作用于肌瘤的瘤体，使其发生凝固性坏死，促进
其萎缩或消失，从而达到治疗子宫肌瘤的目的。中国福利会国际和平妇幼保
健院通过多中心临床研究，利用相控阵高强度聚焦超声消融肌瘤的滋养动脉
以治疗子宫肌瘤，能够使肌瘤血管网产生栓塞，肌瘤被逐步吸收并缩小，缩
短辐照时间，减少并发症，可以有效减轻子宫肌瘤所产生的症状。HIFU 对
卵巢功能及子宫内膜无明显影响，是一种有效的治疗方法，具有良好的临床
推广价值[3-5]。

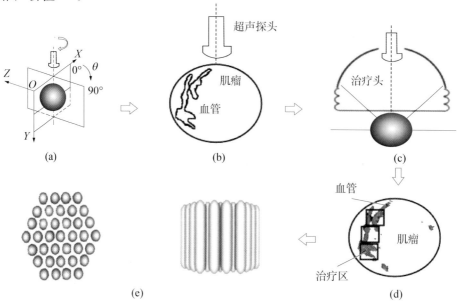

HIFU 治疗模式针对肌瘤的滋养血管进行定位并消融，同时避免对周围正常
组织的伤害，在相控模式下能精准控制每一个小的能量发射单元

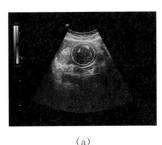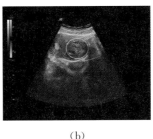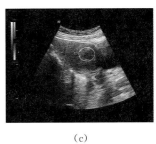

（a）　　　　　　　　（b）　　　　　　　　（c）

患者治疗前—治疗后3个月—治疗后3年随访超声图像，黄色圈代表肌瘤，
提示肌瘤血供消失，体积明显缩小，月经量过多症状明显改善

子宫腺肌瘤

子宫腺肌瘤是指子宫内膜腺体和间质异常侵入子宫肌层中，一般为弥漫性生长。患者表现为月经量增多、经期延长、呈进行性加重的经期下腹疼痛、腹部包块、贫血、不孕等，严重影响生活质量。目前治疗子宫腺肌瘤的方法主要有药物治疗、手术治疗及微创治疗。

药物治疗主要适用于年轻、症状较轻的患者，以及术前、术后的辅助治疗，但是长期使用副作用大，易导致消化系统症状及肝功能异常。手术治疗包括宫腔镜下病灶切除术、子宫楔形切除术以及全子宫切除术，但这些技术存在使用范围较窄，不能彻底清除病灶，残留病灶仍有复发可能，不能排除后期妊娠子宫破裂的可能等问题；此外，也不适用于很多处于生育年龄、有生育要求的患者，或不能接受全子宫切除术的患者。

微创治疗主要有子宫动脉栓塞术、射频消融和高强度聚焦超声。子宫动脉栓塞术因其创伤小、效果好的优势，近年来发展较快，但有导致卵巢功能下降的可能。射频消融是一种热消融治疗方法，临床应用较少，缺乏大样本量研究，不能排除其引起子宫内膜损伤的可能。高强度聚焦超声治疗为近年来发现的针对子宫内膜异位症及子宫腺肌瘤的有效无创治疗方法，能有效缩小病灶、缓解痛经、减少月经量，即使复发仍可再次治疗，但其疗效、安全性、成本效益和生育结果需要通过随机对照实验来评估。

异位妊娠

异位妊娠的发生率近年来呈逐渐上升的趋势。随着阴道超声的广泛应用及放射免疫方法测定人绒毛膜促性腺激素（$\beta-hCG$）敏感性的提高，越来越多的异位妊娠得以早期诊断，从而使患者得到更多的保守治疗机会。有研究表明，HIFU 对保护有生育要求的异位妊娠女性的生育功能具有积极的意义，但治疗过程中能量扩散对卵巢功能及再次妊娠的影响需要研究。

宫颈及外阴疾病

HIFU 用于治疗宫颈及外阴疾病时创伤小、并发症少，治愈率高，可替代物理治疗。除对外阴鳞状上皮内瘤变处于动物实验阶段外，对宫颈炎、外阴上皮内非瘤样变和尖锐湿疣均已处于临床应用阶段，获得了满意的治疗效果。

剖宫产瘢痕妊娠

剖宫产瘢痕妊娠（CSP）为剖宫产术后较少见的远期并发症，是指受精卵着床在瘢痕处，并向宫腔内或肌层甚至浆膜层生长，易被误诊或漏诊而行清宫术或继续妊娠，导致患者大出血或子宫破裂，严重时可导致死亡。采用通常的治疗方式，如化疗或介入栓塞治疗后，仍有切除子宫和丧失生育功能的可能。HIFU 直接破坏瘢痕处的胚胎及绒毛组织，可减少出血和保留完整子宫。后续需进行大样本随机对照研究，以获得结论性建议指导治疗方案。

胎盘植入

在产后出血的众多影响因素中，胎盘植入属于较为重要的一种。当胎盘植入没有得到有效处理时，可能使患者出现缺血性休克症状，严重者甚至会危及生命。HIFU 治疗技术利用热效应、机械效应等原理来去除病灶组织，可以更好地提高患者的预后质量。

妇科恶性肿瘤

用高强度聚焦超声联合化疗治疗妇科恶性肿瘤，可控制肿瘤生长，延长患者生存时间，为复发性和手术困难的妇科恶性肿瘤患者提供新的治疗策略。

结语

HIFU 在妇产科临床应用中必须遵循保留子宫、保留生育功能的原则，以有利于患者生理、心理健康为出发点，在目前的技术层面和相关条件下最大限度地考虑患者的器官完整、功能完善。HIFU 治疗也存在一定的局限性和挑战。例如，肿块越大，重复消融次数越多，治疗时间越长；超声波在生物体内传播的过程中，能量随距离和深度的增加而呈指数性衰减，并且组织器官血流亦会带走部分能量，削减靶组织内能量的聚集等。有关 HIFU 在妇产科的进一步深入和扩大应用值得临床进一步研究。对患者而言，HIFU 疗法不开刀、不流血、不麻醉，避免了伤口感染引起的并发症，且能最大限度保留子宫的完整性，加快子宫恢复、保护女性生育能力；术后也无须住院，可实现"即到即治，即治即走"的诊疗模式，能最大限度地减少治疗对患者生活的影响。

中国福利会国际和平妇幼保健院完成了国内第 1 台 SUA－Ⅰ相控阵聚焦超声（PHIFU）治疗子宫肌瘤的临床转化，目前已成功治疗患者 100 多例，具有良好的临床推广价值。我们也将进一步着力于聚焦超声与多学科交叉融合、治疗机理研究、临床适应证拓展，让患者生存获益或提高其生活质量，为实现"健康中国 2030"的战略规划助力。

精彩问答 Q&A

Q1. 高强度聚焦超声治疗的特点有哪些？

人性化治疗：为患者提供人性化治疗方案，术前准备相对简单，无须麻醉或镇痛，治疗时患者可自由仰躺在床上，治疗舒适度高。

精准医疗：配备多项体外精确定位、术中影像导航的功能，能根据肿瘤真实形态进行治疗，保证治疗的精准性，避免遗漏。

安全程度高：在治疗过程中，医师可实时监控整个治疗过程，患者在清醒状态下，以微感状态完成整项治疗。

Q2. 高强度聚焦超声治疗子宫肌瘤有没有副作用?

相比于药物、手术治疗而言，HIFU 治疗的副作用发生率低、程度轻，大部分损伤能自行恢复。治疗后常见以下几种不良反应:

疼痛：大部分患者可耐受，24 小时内可自行缓解，无须用药，个别患者需对症治疗，如口服止痛药物。

阴道排液：呈粉红色或洗肉水样，多在 1～2 周内自行消失。如果阴道排液持续增多、伴有异味，应行妇科检查，排除炎症及其他妇科疾病。

发热：多为坏死组织被吸收引起，一般术后 2～3 天消失，可给予对症退热处理。

皮肤潮红、出现水疱、灼伤：可用冰袋冷敷，必要时按烫伤处理（使用烫伤膏，局部换药，抗感染）。

参考文献

［1］Lynn J G, Zwemer R L, Chick A J, et al. A new method for the generation and use of focused ultrasound in experimental biology[J]. The Journal of General Physiology, 1942, 26:179 - 193.

［2］Parsons J E, Cain C A, Fowlkes J B. Cost-effective assembly of a basic fiber-optic hydrophone for measurement of high-amplitude therapeutic ultrasound fields[J]. The Journal of the Acoustical Society of America, 2006, 119(3):1432 - 1440.

［3］Zhou Y, Ji X, Niu J M, et al. Ultrasound-guided high-intensity focused ultrasound for devascularization of uterine fibroid: a feasibility study[J]. Ultrasound in Medicine and Biology, 2021, 47(9):2622 - 2635.

［4］Zhou Y, Chen P, Ji X, et al. Long-term efficacy of fibroid devascularization with ultrasound-guided high-intensity focused ultrasound[J]. Academic Radiology, 2024, 31(5):1931 - 1939.

［5］周赟, 吉翔, 牛建梅, 等. 超声引导图像配准技术在相控高强度聚焦超声治疗子宫肌瘤中的应用[J]. 中国实用妇科与产科杂志, 2020, 36(5):471 - 473.

科学运动：健康"不打烊"的秘密

程蜀琳　王秀强

程蜀琳，上海交通大学讲席教授、芬兰于韦斯屈莱大学荣誉教授，现任上海交通大学运动转化医学中心主任、运动健康工程中心主任；长期从事运动健康科学与技术的研究，涉及运动干预代谢综合征、脂肪肝、糖尿病等领域；主持芬兰、美国和中国从儿童到老年人与体成分相关的健康和技术领域的多项跨学科、多中心研究项目；在国际学术期刊上发表 SCI 研究论文 150 余篇，H 指数目前为 51（不包括自引），引用次数为 9000 余次；获得 8 项国际科学奖和 6 项国家奖，拥有 4 项发明专利；多次受邀在国际会议上做前沿报告（包括美国国立卫生研究院和全球网络报告）。

王秀强，管理学博士，上海交通大学系统生物医学研究院副研究员，运动转化医学中心副主任；主要从事久坐亚健康/慢性病人群的健康管理研究，重点针对肥胖、2 型糖尿病、非酒精性脂肪肝等慢性病，以运动为主导的健康生活方式干预；已发表期刊论文近 20 篇；主持国家体育总局重点课题、上海哲学社会科学规划课题等 7 项，主持重大产学研项目 1 项。

　　我们都知道，有一句话叫"运动治百病"，脂肪肝、高血糖、高血压等慢性病患者都可以通过体育锻炼来恢复正常。但是"运动治百病"这句话本身是不是说得过于绝对？其实运动是一把双刃剑，科学运动会带来健康，但不科学运动也会对健康造成损害。常见的运动损伤就是最好的例证。

　　今天，运动健康已经是全球新兴的交叉学科，以运动科学为主导，涉及医学、心理学、生物学、电子学、信息学、管理学、社会学等学科，多种学科交叉在运动健康研究和实践中。运动预防疾病和改善健康的机制到底是什么？为什么要运动？怎样科学运动？怎样选择适合自己的运动方式？怎样确定自己的运动强度？如何避免运动损伤？这一系列问题都需要科学的指导。

　　我们将从"体医融合"、健康中国面临的老龄化和慢性病高发的挑战切入，以减脂和控制血糖为例详细介绍维持健康和防治慢性病的运动方案。希望读者通过阅读本文，能够找到适合自己的运动方案。

挑战重重

　　2021 年 8 月，《体育总局关于认真贯彻落实〈全民健身计划

（2021—2025 年）〉的通知》印发，旨在深入贯彻落实《"健康中国 2030"规划纲要》《体育强国建设纲要》《健康中国行动（2019—2030 年）》重要部署，坚持"以健康为中心"，推动健康关口前移，实施"体卫融合"，建立体育和卫生健康等部门协同、全社会共同参与的运动促进健康新模式。但是，在政策落地实施层面，我们还面临许多难点和挑战。

老龄化、慢性病高发是目前全球面临的健康问题。2024 年 7 月 6 日，上海市民政局发布了 2023 年上海市老年人口统计数据，数据显示，2023 年上海市 60 岁及以上老年人口为 568.05 万人，占总人口的 37.4%，老年人占比接近全国数据的 2 倍[1]。一方面，我们的平均寿命在增长，中国人平均预期寿命已经超过 76 岁。另一方面，慢性病患病率增加阻碍了平均寿命进一步增长，我国目前有大约 2.7 亿高血压患者，大约 70% 的中风死亡、50% 的心肌梗死患病率与高血压密切相关；世界卫生组织的数据显示，中国糖尿病患者呈爆炸式增长，患病率从 1980 年的 0.67% 增长到 2021 年的 12.8%[2]。慢性病占我国人群死因构成的 88%、疾病负担的 70%，而不健康的生活方式是当前慢性病高发的最重要因素。建立科学健康的生活方式，是预防慢性病发生、延缓慢性病发展和逆转慢性病的根本措施。

为什么要运动？

随着社会的进步，医学和科学技术给我们的生活带来了巨大的变化。大量的疾病是现代文明病，在我国排名前十的死因中，医疗因素仅占 10.08%，体力活动不足等不健康的生活方式正在成为更加突出的致病因素[3]。同时，慢性病患者也呈现低龄化趋势，甚至有些是中小学生。

对大多数人来说，体力活动水平的降低也伴随着久坐不动时间的延长，而久坐不动对健康的不利影响，并不亚于吸烟对健康的影响。久坐不动会导致肥胖率增加、肌肉量降低，而这正是慢性病的主要诱因。流行病学调查发现，在控制多种因素（性别，年龄，种族，受教育水平，是否吸烟喝酒，体成分，是否患有糖尿病、心血管病、癌症、中风及骨关节病）后，成年人每天坐 10 小时的死亡率会高出 34%，进行中等强度至剧烈的体育活动似乎会减弱这种危险性[4]。因此，少坐多动应成为现代人维持健康的首要选择。

从机制方面分析，人类的基因要求我们的身体保持不断活动。运动可以调节能量代谢和激素水平，任何药物和其他方式都不可以取代运动对人的基本功能的作用。运动带给机体最直接的影响就是打破能量供需平衡，运动会引起骨骼肌收缩和代谢活动增强，使身体的细胞、组织和器官的稳态受到干扰，身体就要重新建立稳态[5]。从本质上讲，运动对身体是一个挑战和刺激。如果我们能够有规律地进行运动，将使细胞内分子反应事件被保存、记忆并趋于稳定，从而达到运动适应状态。我们的身体产生的适应过程会带来促进健康的效果。

大量的实证研究已经证明运动的益处，比如运动可以提高体能、降低体重、增加肌肉和增强力量，改善衰老所引起的身体功能下降；可以改善胆固醇水平，预防和控制糖尿病，提升身体免疫力；运动还可以提升记忆力和专注力，改善我们的心理健康[6]。

生命在于运动。

如何科学运动？

人体对运动反应和适应的过程是有先后的，也是因人而异的。我们要考虑个体的差异，要在个体的水平上建立有效的干预策略。同时，运动也是多态性的，我们在制订运动方案的时候，必须考虑运动的多态性因素，包括运动类型、强度、持续时间、运动节律等方面。例如：同样的运动方案对降低脂肪堆积和控制血糖所起的作用程度是相同的吗？不同的时机、强度、持续时间如何搭配才是最佳的运动"处方"？在个体对运动的生理反应不同的情况下，如何为处于疾病不同阶段的患者和患不同疾病的患者制订个性化的运动方案？运动与药物联合治疗代谢性疾病，运动是发挥叠加，还是拮抗，或是逆转作用？

还有一个大家经常忽略的问题。有慢性病的人往往都在用药。那么，用药以后怎么通过药物、膳食和运动搭配以达到最好的效果？这些问题是我们在"体医融合"方面共同面对的问题。下面，我们将用实例来说明几个大家最关心的问题。

科学运动与减脂

第一个例子是一名 34 岁的男性：小陆，身高 1.68 米，体重 90 千克，体脂率为 35％。小陆是单纯的肥胖患者，无其他慢性病。在完成体质和体能测试后，根据其工作性质，安排他晚饭后做以快走和慢跑为主的有氧运动，一周完成 5 次，从小强度到中、大强度逐步递增负荷，然后再递减，一次运动时长为 30～40 分钟。坚持 2 个月后，他的体重减少了 10 千克，在减脂的同时，小陆的肌肉含量并没有降低，这个运动方案对他是有效的。

为什么安排有氧运动？首先，有氧能力是第五大临床生命体征，是评估运动能力的关键指标。通过有氧运动可以提高耐力，增加能量消耗，而且安全性高。此外，有氧运动可以改善心肺功能，提高心脏的储备能力。反映有

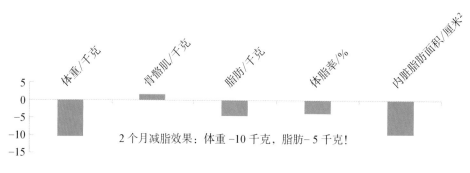

2 个月减脂效果：体重 –10 千克，脂肪– 5 千克！

小陆减脂效果示意图

氧能力的最大吸氧量，是预测死亡率最好的指标。大量的实证研究表明：有氧运动水平越低，死亡率就越高[7]。

第二个例子是 53 岁的男性：张老师，身高 1.75 米，体重 124 千克，体脂率为 36%，严重肥胖，身体质量指数（BMI）接近 40，血脂、血压、血糖等指标均异常。张老师的有氧能力低于同龄人，但肌肉指标是达标的。在张老师完成体质和体能测试后，考虑到他的年龄和体重，我们给出的运动方案是功率自行车递增和递减负荷训练，运动时长为 40～50 分钟，一周完成3 次。

3 个月后，张老师体重降到了 105 千克，共减少 19 千克，减得最多的也是脂肪，内脏脂肪面积减少了 16 厘米^2。张老师又继续锻炼了 1 个月，体重却没有变化，说明张老师的减脂进入了瓶颈期。

这个时候该怎么办呢？该如何调整他的运动方案？

首先，减少每一次功率自行车锻炼的时间，增加运动过程中休息的时间；其次，增加肩部、背部、腰腹部、腿部和手臂的递增负荷力量练习，每一个肌群训练3～5组，重复8～12次，组间休息1～3分钟，锻炼时长保

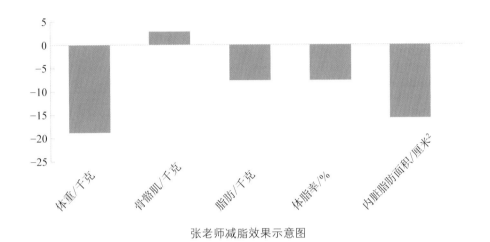

张老师减脂效果示意图

持在 30～40 分钟；最后建议张老师控制碳水化合物的摄入。经过不懈的努力，在不影响工作的情况下，张老师的体重在第 5 个月降到了 100 千克。

　　为什么会出现瓶颈期呢？瓶颈期是运动训练期间适应效应的一种反应。如前文所述，运动是一种外在的刺激，它会引起身体发生不同的生理变化。通过一段时间的锻炼，身体会达到新的平衡。达到平衡以后，如果没有新的刺激，身体会维持这个平衡状态，这就是所谓的"瓶颈期"。所以，我们制订的运动方案一定要有变化，而不是按照同一个运动强度、同一个运动时间、同一个运动频率一直练下去。同时，我们的身体在运动以后需要一定的时间来恢复。恢复的时间取决于运动强度、身体状况和年龄等因素。如果是低强度运动，一般第 2 天就能恢复；如果是中等强度运动，一般需要 24～48 小时；高强度运动需要休息 48～72 小时。这就是为什么我们在做运动方案的时候，必须要考虑身体的恢复时间。同时要安排一定的超量锻炼，新的刺激可以突破瓶颈。

　　下面我想针对女性举一些案例。我们在研究中发现很多人，尤其是女性的 BMI 在正常范围内，但是体脂率超标。她们看上去不胖，但内脏脂肪超标，这就是所谓的"隐形肥胖"，针对这种肥胖的运动方案该怎么制订呢？

我们采取的是混合运动的方式，即前 4 周采取有氧运动，功率自行车递增负荷运动与陆地划船器高强度间歇运动相结合；从第 5 周开始加入抗阻力量训练。运动干预的结果是她们的体脂率下降，而肌肉量增加，该运动方案非常有效。

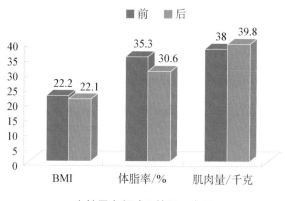

女性周老师减脂效果示意图

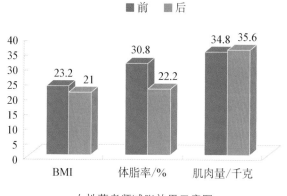

女性蔡老师减脂效果示意图

　　运动不是万能的，对肥胖人群而言，能量失衡是导致肥胖的元凶，日常体力活动的缺乏则是肥胖人群不断增加的关键因素。影响能量平衡的关键是每日的膳食和体力活动量，这都是我们能够控制的。所以，减脂的根本问题就是吃动平衡，也就是我们平时说的"管住嘴，迈开腿"。

　　举一个例子，我们吃一个75克的肉包子，热量大约是745千焦，你要做多少运动才能消耗掉？如果以5千米/小时的速度快走，需要30分钟；如果以12千米/小时的速度骑自行车，需要40分钟；爬楼梯则需要23分钟。当然这里有一个假设，就是我们对食物能量的利用率相同，事实上不同个体对食物能量的利用率有很大差异。

科学运动与血糖控制

　　对于一个糖尿病患者，我们应该怎样制订运动方案？首先，他在运动以前必须做全面的医学体检，要充分了解自己的血糖应控制在什么水平；其次，他要做心肺功能测试，同时要准备运动装备以及糖果。

　　糖尿病患者在选取运动项目（方式）的时候，必须要考虑年龄和病情：糖尿病是前期、中期还是后期？用胰岛素还是不用胰岛素？同时还要考虑个人运动爱好，个人不喜欢的运动很难坚持。

　　选取运动方式后，如何判定运动量？运动量取决于运动时间和强度。有一个简易的判定方法。在运动的过程中，如果能够唱歌，就是低强度的运动；如果能说出完整句子但是不能唱歌，达到中等运动强度；如果无法说出完整的句子，就是高强度运动了。还可以根据心率推算公式判定：目标心率＝［（220－年龄）－静息心率］×运动强度（％）＋静息心率。目标心率在最大心率的50％以下是低强度，如果是最大心率的50％～70％则为中等强度。世界卫生组织关于身体活动和久坐行为的指南指出，患有慢性病的成年人（18岁以上）和老年人需要完成每周 75 分钟的高强度或 150 分钟的中等强度有氧运动，以及至少 2 次力量练习。我们并不需要参加运动训练就可以保持身体健康，需要的仅是稍加改变一些日常生活方式，比如多站立、爬楼梯，就可能给我们带来健康的体魄。

对糖尿病患者来说，选择运动的时机非常重要。糖尿病患者往往在餐前、餐中或餐后服用降糖药物，药物和运动都会降低血糖，那么运动时机就非常关键。根据我们的糖尿病运动干预实验结果，建议在餐后 30～60 分钟之间运动，实现运动与药物干预的错峰搭配。

大量研究已达成共识，运动干预可以改善 2 型糖尿病患者的代谢状态，但并非所有患者都能从运动中得到理想收益。每个人对运动的响应是有差异的，有的人不管什么时间去锻炼都不起作用，而有的人在任何时间锻炼都会起到作用。这就涉及运动响应的异质性，也就是个体差异。建议在治疗 2 型糖尿病前，进行运动响应的识别，有利于从饮食、运动以及药物等方面制订精准、个性化的干预方案。

同时，患者对运动产生响应也有早晚之分，运动能力和健康效益并不直接相关。有的人在低强度运动时就出现响应，有的人要到高强度运动时才会响应，而且要达到一定的阈值才能达到健康的效果。这提示我们，个性化运动十分重要，这也是运动和医学联合研究的重要方向。

关于糖尿病患者选择上午还是下午作为锻炼时段的问题，我们的实验发现，无论上午还是下午，只要在餐后 30～60 分钟运动，效果的差别并不大。但运动和药物的搭配一定要错峰，可以达到事半功倍的效果。

如何制订自己专属的运动方案?

一次健身锻炼计划应该包括哪些步骤?

举例：锻炼目标为加强心肺功能。

开始运动前必须先了解自身状况，确定是否能够进行相应的锻炼；同时明确运动目的——是提高心肺功能还是提高肌肉力量？任何运动都应该包含运动前的热身、运动和运动后的拉伸放松等环节。在运动过程中，可通过穿戴式设备测试心率，从而确定运动量。

- 开始热身 5 分钟，伸展 5 分钟

- 进行 20～30 分钟能增强心血管功能的有氧运动（测量在活动高峰时的心率）

- 进行 5～10 分钟缓慢的伸展运动，结束

一次有氧运动过程的负荷原则（以40岁为例）

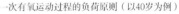

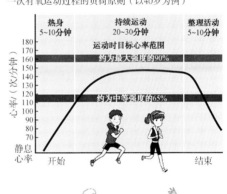

运动各环节示意图

怎么判断是否运动过量?

以训练后的疲劳感来判断是否运动过量。如果锻炼后感觉跟没锻炼一样，

说明运动量不够。如果锻炼后感觉有点疲劳，但是很舒服，说明运动量恰到好处，第二天能够恢复并感觉体力充沛。如果感觉身体疲劳，动作缓慢不灵活，协调性下降，睡眠质量不高，情绪烦躁不安，就说明运动过量了。

如何预防运动损伤的发生？

以跑步为例，正确的跑步姿势与合理的运动量是预防运动损伤最重要的两个方面。如何预防运动损伤？第一，要预防运动疲劳，疲劳后的肌肉是最容易拉伤的。第二，在运动中要尽量避免同一个部位集中练习的时间过长，同时注意两侧肌群要同步发展，否则弱的一侧就容易拉伤。第三，要注意前群和后群、拮抗肌和原动肌的协调发展。第四，要注意向心收缩和离心收缩之间的关系，比如屈和伸、上楼和下楼。要重视离心收缩训练，离心收缩可以预防肌肉拉伤。第五，要注意大、中、小肌群的发展。我们往往注重大肌群的练习，忽略了小肌群，而运动中容易拉伤的往往是小肌群。

综上所述，尽管"运动是良医"的理念已在体育界和医学界达成共识，我国的疾病指南也纳入了运动干预，但如果我们不去实践，再好的运动方案也是无效的。我们也应该意识到，运动并不是万能的，它是一把双刃剑。运动过量、运动疲劳会造成运动损伤，运动过量、强度太大则可能造成低血糖，甚至猝死。无论是慢性病患者还是健康人群，在科学运动时，一定要持之以恒，循序渐进，量力而行，还要注意安全和可行性。

参考文献

［1］上海市老龄工作委员会办公室,上海市民政局,上海市统计局.2023年上海市老年人口、老龄事业和养老服务工作综合统计信息发布! ［EB/OL］. (2024 - 07 - 06). https://mzj. sh. gov. cn/2024bsmz/20240706/73924c349f4d475a9d4666019 f1a396b. html.

　　［2］中国青年网. 我国糖尿病发病率持续增长,报告:家庭是预防和管理糖尿病的核心单位［EB/OL］.（2023 - 03 - 04）. http://baijiahao. baidu. com/s? id = 17594160106190787l0&.wfr = spider&.for = pc.

　　［3］董传升. 走向主动健康:后疫情时代健康中国行动的体育方案探索［J］. 体育科学,2021,41(5):25 - 33.

　　［4］Wu J J, Fu Y J, Chen D D, et al. Sedentary behavior patterns and the risk of non-communicable diseases and all-cause mortality: a systematic review and meta-analysis［J］. International Journal of Nursing Studies, 2023,146:104563.

　　［5］Neufer P D, Bamman M M, Muoio D M, et al. Understanding the cellular and molecular mechanisms of physical activity-induced health benefits［J］. Cell Metabolism, 2015,22(1):4 - 11.

　　［6］Matson T E, Anderson M L, Renz A D, et al. Changes in self-reported health and psychosocial outcomes in older adults enrolled in sedentary behavior intervention study［J］. American Journal of Health Promotion, 2019,33(7):1053 - 1057.

　　［7］Lieberman D E, Kistner T M, Richard D, et al. The active grandparent hypothesis: physical activity and the evolution of extended human healthspans and lifespans［J］. Proceedings of the National Academy of Sciences, 2021, 118(50): e2107621118.

仰望星空：从诺贝尔奖到人类终极命运

张双南

张双南，中国科学院高能物理研究所粒子天体物理中心主任，中国科学院大学教授，任"慧眼"天文卫星、增强型 X 射线时变与偏振空间天文台（eXTP）、中国空间站高能宇宙辐射探测设施（HERD）等项目首席科学家，以及中国载人航天工程空间天文与天体物理领域专家组首席科学家，九三学社中央科普工作委员会副主任；入选教育部长江特聘教授、国家海外高层次人才；获国家杰出青年科学基金资助、中国科学院杰出科技成就奖、国防科技创新奖、北京市自然科学奖等奖项；发表学术论文 500 多篇，被引用次数超过 16 000 次；著有《极简天文课》和《科学方法与美学》科普书。

诺贝尔奖委员会对仰望星空的兴趣越来越浓?

我们知道,诺贝尔奖并没有设立天文学奖。天文学的研究要想获得诺贝尔奖,就得去"蹭"物理学奖,偶尔也会"蹭"化学奖,因此天文学的研究获得诺贝尔奖的次数不会很多。20 世纪 60 年代,天文学的研究开始获得诺贝尔奖,此后大概每七八年会有一次天文学的成果获此殊荣。然而,近年来诺贝尔奖却频频"光临"天文学领域:2017 年引力波研究获得诺贝尔奖;2019 年因为宇宙学和太阳系外行星的研究,诺贝尔奖又颁给了天文学研究;2020 年的物理学奖是奖励黑洞研究成果,当然也属于天文学研究。频率之高有点出人意料。是不是诺贝尔奖委员会对仰望星空的兴趣越来越浓?

在介绍 2017 年诺贝尔物理学奖前,我们先简要回顾一下万有引力和引力波。根据万有引力定律,地球之所以绕着太阳运动,是因为地球和太阳之间有万有引力,就像被一根绳子连接一样。然而根据广义相对论,所谓的万有引力就是质量导致空间弯曲,由于太阳附近的空间弯曲了,当地球在太阳附近运动时就只好在弯曲的空间里面绕着太阳运动。这里面有一个深刻的物理背景,狭义相对论的一个基本假设就是光在宇宙中传播最快,任何信息的传递速度都不可能比光速更快。如果按牛顿所说，地球和太阳之间有这么一根引力之绳，那么当地球和太阳之间的距离发生变化的时候，这个引力就必然立刻发生变化。假设我和读者朋友们面对面，我挥手的时候我的手和读者朋友们之间的距离会发生变化。相应的，我的手和读者朋友们之间的引力就要立刻发生变化，不可能有任何的延迟，这就违背了狭义相对论中信息传递速度不能超过光速这一基本要求。所以爱因斯坦认为万有引力是由其他的原因产生的。他经过 10 年的思考，在 1915 年提出了广义相对论。还是以手的挥动为例，我手的运动导致我附近的空间弯曲发生了变化，这变化的空间弯曲经过一定的延迟传递到了各位读者朋友面前，各位读者朋友就感受到我手的引力变化了。如果是这样，两个物体相互绕转时，每一个物体周围的空间都会被扭曲，这个扭曲的空间就要向外传递，而这就是引力波。只不过爱因斯坦在 1916 年预言了引力波存在之后，立刻又做了另外一个预言：即使引力波是存在的，人类也永远探测不到它。原因在于爱因斯坦认为扭曲的空间从远处的宇宙传递到地球的时候，就已经变得太弱了，以至于我们在地球上不可能探测到这么微弱的空间扭曲。

验证引力波：用爱因斯坦的"矛"攻击爱因斯坦的"盾"

既然理论预言了引力波的存在，而爱因斯坦说这样的引力波没有办法被探测到，科学家就想要来检验爱因斯坦这个说法对不对。如果引力波真的探测不到，那可能广义相对论的预言就不对了。这些科学家用激光干涉来探测引力波，因为激光理论也是爱因斯坦提出来的，所以他们是想用爱因斯坦的"矛"攻击爱因斯坦的"盾"。这个用来探测引力波的装置是在沙漠里面挖 4

千米长的真空管道而建成，一共有 2 个，呈 90 度角设置。引力波到了真空管道位置时，真空管道的长度就会产生周期性的变化，激光在里面反射应该能够探测到这个距离的变化或者空间的扭曲。通过所产生的现象可以探测到引力波。科学家从 20 世纪 80 年代开始建造这样的激光干涉引力波天文台。在花了美国国家自然科学基金委员会历史上最大的一笔经费并历经 30 多年时间后，配备有地球上最精密的测量仪器的激光干涉引力波天文台（LIGO）终于建成了。测量仪器的精度达到 10^{-18} 米。10^{-18} 米是什么概念？我们的头发丝直径是 10^{-6} 米，比头发丝小 1 万倍就是氢原子的大小，再小 10 万倍是氢原子核的大小，比氢原子核小 1 000 倍才是 10^{-18} 米。而引力波到达时，持续的时间不到 1 秒。在不到 1 秒的时间内要探测到这么微小的距离变化，必须靠地球上最精密的测量仪器。这也告诉我们，只有实验做到极致，才有可能取得重大的科学成果。

激光干涉引力波天文台（图片来自 LIGO 官网）

2015 年，美国的仪器就达到了这样的精度。2016 年 2 月 11 日，LIGO 项目团队发布了震惊世界的科学新闻，也就是爱因斯坦 100 年前预言的引力波终于被人类"听到"了。当时新闻发言人开场就说了 3 个单词：We did it（我们探测到引力波了）。他们宣布的是一个什么样的现象呢？2 个黑点代表的是 2 个黑洞，2 个黑洞绕转产生了绿色的波纹，就是爱因斯坦 100 年前预言的引力波，最终 2 个黑洞并合在一起，变成一个黑洞了。最后这不到 1 秒钟时间产生的引力波就开始向宇宙的四面八方传递，13 亿年之后，终于到达了地球，被 LIGO 探测到了。2017 年我在进行诺贝尔奖直播解读时[1]，主持人让我预测今年什么样的科学成果会获得诺贝尔物理学奖，我说，如果今年引力波不获奖就"没有天理"了。果不其然，2017 年这个研究成果获得了诺贝尔奖。

获得诺贝尔奖离不开好的身体和最先进的观测望远镜

再来看看 2020 年的诺贝尔物理学奖[2]。前些年，罗杰·彭罗斯（Roger Penrose）获奖的呼声就很高，2020 年他不负众望，获得了诺贝尔奖。值得一提的是，当时他已经 89 岁了，所以我也鼓励大家，不仅要努力取得能够获得诺贝尔奖的科学成就，而且一定要把身体锻炼好。当年，另外的一半诺贝尔物理学奖给了另外两个预言黑洞和发现黑洞的科学家赖因哈德·根策尔（Reinhard Genzel）和安德烈娅·盖兹（Andrea Ghez），他们是做天体物理学研究的科学家，他们用世界上最先进的望远镜，看到了银河系中心每一颗恒星的精确运动。他们的工作从 20 世纪 90 年代开始坚持做了很多年，终于通过对银河系中心的黑洞质量进行非常精确的测量，发现这个黑洞的质量是太阳质量的 400 万倍，证实了银河系中心有一个超大质量的黑洞。欧洲团队测量用的是欧洲南方天文台（ESO）8.2 米口径的望远镜。这个望远镜是世界上最大的望远镜之一。目前我们国家这种类型的望远镜的最大口径是 2.4 米，我们正在计划建造 14.5 米口径的望远镜。借助先进的望远镜，才能看清银河系中每一颗恒星的运动情况。

外星人探索是一门很严肃的科学

讲了黑洞之后，我们讲一下很多人可能很感兴趣的外星人。很多朋友会问我：外星人的存在科学不科学？到底有没有外星人？存在外星人是有科学原理的，就是我们知道的德雷克方程。根据这个方程，可以估算出在银河系里面可能有多少外星人，或者说，有多少智慧生命存在。完成计算需要很多的参数，譬如假设外星人也会生活在某一颗恒星的附近，这颗恒星附近也存在像地球这样的适合生命生存的行星。当然，有了类似地球这样的行星也不一定必然有生命，有生命也不一定是智慧生命。这个文明还要持续足够长的时间，使得与我们的通信至少有一个来回。我们知道外星人离我们很远，他发一个信号，我们要几千年，甚至几万年才能收到。我们再回一个信号过去也需要很长时间。这些物理天文参数很多，我们都不知道，但是我们可以做大致的估计，来得到外星文明的大致数量。这个数字大于 1，就表明除了我们之外，银河系里还有其他的智慧生命。换句话说，外星人应该是存在的。既然如此，我们就去找外星人，这是我们天文学家的一个任务。当然第一步就是搞清楚银河系里面恒星的情况，目前这一块儿已经做得比较好了，然后就要找我们的银河系里，尤其是太阳系附近有多少"地球"，这就变成一个很严肃的科学研究了。这个研究的成果获得了 2019 年的诺贝尔物理学奖。两组获奖科学家中，有一位是因为他关于宇宙演化的研究，尤其是宇宙微波背景辐射这样的预言而获奖。另一部分的奖给了一对师生，他们发现了绕一颗类太阳恒星运行的太阳系外行星，换句话说，找到了另外一个太阳系。前面讲了要想找外星人，首先要找其他的太阳系，最好在其他太阳系里面也能找到地球这样的行星，他们开创了一个新的天文研究领域——太阳系外行星。从此之后，太阳系外行星研究就变成了天文学一个非常前沿、热门的研究领域。

1995 年至今，天文学家一共发现了 5 000 多颗行星，它们围绕着 3 000 多颗恒星运动[3]。这里面有些行星是天文爱好者发现的，其中最成功的发现当属开普勒天文卫星。科学家不但发现了很多行星，而且找到了一批宜居行星，就是所谓的宜居带。如果这个行星距离它的母恒星不远也不近，就像地球相对太阳的距离，那么这颗行星从它的恒星接收到的光量就恰到好处。在这样的行星上生命是有可能存在并存活下去的，所以我们称其为"宜居行星"。在这些行星上寻找生命吸引了很多人。然而，我们迄今还没有找到和地球相似的"地球 2.0"，更没有找到外星人。好在天文学家并没有放弃寻找。上海天文台的葛健研究员主持的"地球 2.0 凌星巡天"（简称"地球 2.0"）项目在今后几年拟发射一颗搭载 6 台广角凌星望远镜和 1 台微引力透镜望远镜的科学卫星，对银河系类地行星进行一次全面普查，有望在 2029 年首先发现宇宙当中的"地球 2.0"，如果能够做到这一点，当然会是中国天文学家对寻找外星人的一个重大贡献。

证伪在科学上更为重要

2020 年诺贝尔物理学奖给赖因哈德·根策尔和安德烈娅·盖兹的颁奖词说他们发现了银河系中的超大质量致密天体，并没有说他们发现了黑洞。所以很多朋友就问：难道他们发现的银河系中心的那个东西不是黑洞吗？为什么诺贝尔奖委员会不说那个是黑洞呢？这是一个很有趣的问题。毕竟对物理学家或者天文学家来讲，银河系中心那个东西怎么看都应该是黑洞。对这个问题的回答涉及一件非常有趣的事情，就是什么是科学。简单来讲，科学就是刨根问底，这是我最简单的回答。稍微详细一点的回答就是要回答科学的目的、精神和方法是什么[3-4]。科学的目的是发现各种规律，科学的精神是质疑、独立和唯一，科学的方法是逻辑化、定量化和实证化，实证化这一点特别重要，我认为这和诺贝尔奖委员会不说它是黑洞是有关系的。

科学方法的实证化在我看来由两部分组成：证实和证伪。从科学方法的角度来总结的话，我认为科学史就是科学方法的三次飞跃[4-5]。第一次飞跃从古希腊开始，一直到希腊化时代结束，这个时期是从形而上学的古希腊科学到实在、精确的科学方法的飞跃。第二次飞跃是从文艺复兴时期到伽利略、哥白尼、开普勒，然后到牛顿所在时期，到达了科学革命的顶峰。这个时期是从观察思辨的科学到实验科学，尤其是伽利略所开创的实验科学。而现代科学是从牛顿所在时期到爱因斯坦所在时期，基本上在这个时期，完整的现代科学方法得以形成，然后又被卡尔·波普尔所归纳，我把它简单地称为"从证实的科学到证伪的科学"，这就是科学方法的第三次飞跃。这是波普尔很重要的贡献，他提倡放弃传统的归纳法，主张经验证伪的科学方法。从传统来讲，科学研究就是想要验证某个科学理论是正确的，所谓验证就是证实。比如爱因斯坦用广义相对论计算预言了引力波，直到引力波被发现，可以说我们证实了广义相对论是正确的。彭罗斯根据广义相对论计算预言了黑洞的存在，直到黑洞被发现，可以说我们再次证实了广义相对论是正确的，证实了彭罗斯的黑洞理论是正确的。然而根据波普尔的理解，科学理论永远也不能被证明是正确的，因为不可能被穷尽所有的情况，也不可能像数学定理那样在给定公理的情况下被证明是正确的。怎么办呢？按照波普尔的说法，那就是要证伪。也就是说，你提出了一个假设，但在这个假设条件下，观测检验之后的结果有可能和你的"预言"不一致。一旦证伪，观测或者实验的结果和理论假设不一致，那就是告诉我们，这个科学理论在现有条件下失效了。在这种情况下，就能够改进我们的理论了。所以按照波普尔的理解，证伪比证实更为重要。如果一个理论不能被证伪，那它就不是一个科学理论。因此诺奖委员会不说那个东西是黑洞。

证实可以知道原有理论能用在哪里。比如对牛顿的理论的证实已经做得非常多了，我们知道牛顿的理论可以用在很多地方，用来建房子、修桥、造高铁、造汽车，甚至造火箭、造飞机都没有问题，因为这一理论在这些条件下都被证实了，所以我们对将牛顿的理论用在这些方面是充满信心的。然而这些证实并不能证明牛顿的理论永远是正确的，因为牛顿的理论的确在有些条件下是不能用的。所以如果以后有证据表明银河系中心那个东西不是黑洞，那意义就很大了，就说明彭罗斯的理论、广义相对论是有漏洞的，一旦我们找到漏洞，就可以对其进行改进。因为证实不能改进理论，只有证伪才能改进理论，所以证伪更加重要。因此我认为诺贝尔奖委员会是埋了一个伏笔：告诉我们，对这些致密物体的观测是极为重要的，虽然今天给了你诺贝尔奖，但是你应该努力去寻找它不是黑洞的观测证据。如果找到了，那更多的诺贝尔奖很可能在向你招手，这是一件好事。

我们也在仰望星空

前面介绍的是国外的一些天文观测、物理实验所获得的诺贝尔奖情况。

我们国家进入现代科学比较晚，很长时间以来我们在实验科学、天文观测科学方面都比较落后。然而改革开放以来，尤其是最近的 20 年，我们国家也越来越注重仰望星空，而且我们的发展速度也很快，建造了各种天文空间观测设备，包括非常有名的"中国天眼"望远镜，我们实验室的曹臻院士所牵头建造的世界上最灵敏的超高能伽马射电望远镜，也包括我目前担任首席科学家的"慧眼"卫星，中国科学院高能物理研究所牵头的系列卫星项目，常进院士领衔的"悟空号"卫星，探火探月工程以及我们的空间站等，这些项目取得了很多成果。所以在人类仰望星空的道路上，在现代文明的发展方面，中国人也会做出越来越多的贡献。

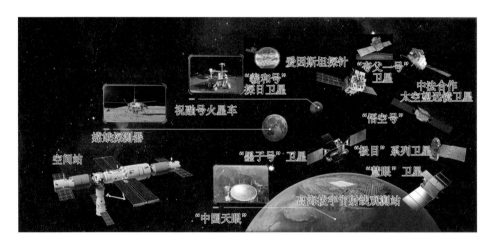

我国的各种天文空间观测设备

快速射电暴是外星人的活动信号吗？

"慧眼"卫星发现了距离黑洞最近的相对论喷流，它不仅能以几乎光速向外抛物，而且还能"跳舞"，这是由于这个黑洞是转动的。这是"慧眼"卫星对黑洞研究的成果之一。2020 年，《自然》（*Nature*）和《科学》（*Science*）

杂志共同宣布了各自所推选的十大科学突破，其中共同的一项就是发现银河系内产生快速射电暴这一现象。快速射电暴现象是由美国和加拿大的射电望远镜发现的，新闻发布时特别提到中国的"慧眼"天文卫星做出了重要贡献。加拿大射电天文台发现了快速射电暴的两个短脉冲，这样的快速射电暴信号往往持续时间非常短，只在毫秒瞬间，然而释放的能量却非常大，以至于以前很多人推测快速射电暴可能是外星人活动的信号。有趣的是，在这之前的几个小时，我们得到一个建议，让我们把"慧眼"卫星指向银河系内的某个中子星并对其观测，大概 7 个小时后，快速射电暴产生了。同一时刻，我们观测到了来自这个中子星的剧烈暴发，而且我们发现在这个巨大暴发的顶上有两个非常窄的脉冲，这两个脉冲和射电暴的两个脉冲在时间上精确一致，所以我们可以确定这是同一个暴发事件。利用"慧眼"卫星的数据，我们对这个暴发事件的方向做了精确定位，确定就来自我们正在观测的中子星，所以我们确定这次暴发来自中子星。既然是来自中子星，它就不可能是来自外星人，因为中子星的环境实在太恶劣了，外星人是不可能生存的。可以说，我们的研究成果对确认快速射电暴的起源起了重要作用。

脉冲星：未来太空旅行的导航仪

我们人类的未来当然是星辰大海，但我们也会面临星际迷航的问题。我们在地球上用北斗卫星和 GPS 来导航，在太阳系内，地球附近的卫星由地面观测站来观测其位置，或者由我们的导航卫星告诉我们卫星的位置，一旦我们远离地球，谁来告诉我们在哪里呢？这就是一个非常严肃的问题，而这也是我们的研究方向之一。我们利用"慧眼"卫星实现了高精度的脉冲星导航。比如对银河系内的一颗脉冲星，我们做过精确观测。脉冲星可以发出周期稳定的脉冲信号，是天然的导航卫星。航天器接收脉冲星的脉冲信号，可以自主导航，即脉冲星导航。利用"慧眼"卫星的脉冲星观测数据确定的卫星轨道位置误差为几千米，和国际空间站内美国获得的实验结果相当，基本上满足了飞行器深空旅行自主导航的要求。未来在进行太空旅行的时候，我们就可以携带自主研制的脉冲星导航仪了。

史上最亮的伽马射线暴

2023 年 3 月 29 日的《新闻联播》播报了中国科学院高能物理研究所与全球 40 余家科研机构联合发布探测到史上最亮伽马射线暴的新闻。中国的"慧眼"卫星与"极目"空间望远镜联合，精确探测到了迄今最亮的伽马射线暴，其亮度是以往伽马射线暴的 50 倍。该研究对深入理解这种极端宇宙暴发现象具有重要意义。伽马射线暴发生的机会非常少，差不多是一万年一次。换句话说，上一次这样的伽马射线暴到达地球时，我们人类还住在山洞里面。下一次这样的伽马射线暴再来的时候，我们很有可能不住在地球上了，也许我们已实现星际文明，住在别的星球上了。这样的伽马射线暴照到地球上后，竟然对地球大气层高层的电离层都产生了扰动，所以如果伽马射线暴发生的地点离地球再近一些，很可能会对人类产生灾难性的影响。

全变源追踪猎人星座计划：未来的星座智能化控制系统

拟于 2030 年前后全面部署的全变源追踪猎人星座（CATCH）计划，是中国科学院高能粒子天体物理重点实验室提出的，由上百颗微卫星组成的智能化 X 射线天文星座，通过人工智能技术实现天文卫星星座的在轨自主协同观测。其核心科学目标是刻画极端宇宙的多维度动态全景。目前，研发团队已结合我国天文卫星的暴发源数据，初步搭建了暴发源仿真模拟器，用以训练专属于太空观测环境的人工智能算法。当 CATCH 在太空中运行时，将借助多智能体强化学习算法，对深空中成千上万的暴发源数据进行实时分析，实现对观测目标全天全时监测、协同和接力观测。这是一个非常有趣的未来天文观测计划。因此，我们未来的天文学研究将会用到先进的卫星制造技术以及人工智能技术，这样我们在仰望星空的道路上才能够走得更远。

2021 年，上海交通大学和《科学》杂志联合发布了 125 个科学问题[6]。这 125 个问题中，天文学的问题是最多的。德国著名数学家希尔伯特（Hilbert）说过，只要一门科学及其分支能提出大量的问题，它就充满生命力，而缺乏问题则预示着独立发现的衰亡或者终止。由此看来，作为孕育了现代科学的一门最古老的学科，天文学到今天仍不失为生机勃勃的最前沿、最重要的学科之一。

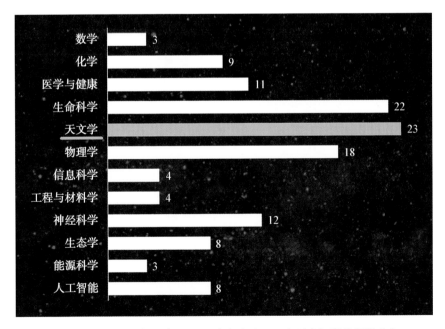

上海交通大学和《科学》杂志联合发布的 125 个科学问题的领域分布

科学发展和人类文明的演进都有赖于仰望星空

有朋友可能会说，这些天体离我们这么远，我们现在还没找到外星人，也不能把哪个天体拖到地球上来使用，仰望星空到底有什么用？我的回答是非常有用。从科学史的角度来讲，从亚里士多德开始，人类就关心天上的天体：这些行星为什么这么运动？为什么不掉下来？托勒密、哥白尼、开普勒、伽利略、牛顿一直都在刨根问底追问同样的问题。我们今天也还在问这样的问题：为什么有黑洞？为什么有中子星？为什么有伽马射线暴？为什么有太阳系外行星？为什么宇宙这么演化？正是这样仰望天空和刨根问底给我们带来了现代科学以及科学方法。在 2020 年诺贝尔奖颁发后，就有朋友问我为什么近来黑洞和天体物理成为诺贝尔奖的热门领域，这很大程度上反映了社会对天文领域的关注度越来越高，这可能也是诺贝尔奖的考量因素之一。毕竟科学对人类的贡献除了使技术进步之外，拓宽对自然和宇宙的认识也很重要，而这也是人类文明的重要组成部分，这正是天文学和天体物理的研究成果得到广泛社会关注的重要原因之一。诺贝尔先生生前设立诺贝尔奖的时候明确提到，奖励那些为人类的社会进步做出贡献的科学家。所以，促进人类社会的进步才是诺贝尔奖的要旨。

结语

最后让我用几句话回答为什么要仰望星空。首先，天文学为科学发展做出了贡献，建立了现代科学，不断提出新的大问题。其次，天文学拓展了人类对自然和宇宙的认识，丰富了人类文明，这关乎人类共同而终极的命运。再次，天文学提升了青少年对科学的兴趣。天文教育是素质教育的重要组成部分，发达国家中小学的天文教育非常普及，主要城市都有高水平天文馆，而且大学的天文公选课很普遍，一流大学天文系是标配。最后，仰望星空也是今天的一种时尚，现在国内天文爱好者协会遍地开花。我受邀到很多高校去做讲座，邀请我的就包括很多学校的天文学会或者天文爱好者协会。这些也能说明仰望星空对我们的重要性已为更多人所认可。

参考文献

［1］吴欧,麦麦,刘可,等.8位专家谈诺奖:物理学奖给黑洞,或许是因为错过了霍金[EB/OL].(2020－10－06).https://mp.weixin.qq.com/s/DlgXoN50rTP8v9PZvbcMFQ.

［2］张双南.不是,2021年物理学诺奖又被天文学蹭走了吗?[EB/OL].(2021－10－07).https://mp.weixin.qq.com/s/usDqDVwdxHksk-MKl7bb3g.

［3］张双南.极简天文课[M].北京:科学出版社,2021.

［4］张双南.科学方法与美学[M].北京:北京理工大学出版社,2022.

［5］张双南.从天文学和物理学的发展理解科学方法的3次飞跃[J].科技导报,2024,42(10):55－64.

［6］上海交通大学,Science,AAAS.125 questions: exploration and discovery[EB/OL].(2021－05－14).https://www.science.org/content/resource/125-questions-exploration-and-discovery.

"悟空号"：探索暗物质粒子的宇宙"侦探"

常　亮

常亮，中国科学院微小卫星创新研究院研究员，博士生导师，长期从事航天技术研究，一直致力于智能化、集成化、批量化的微小卫星研制，先后担任北斗三号综合电子系统负责人、"悟空号"总体技术负责人、天行一号试验卫星总师、创新十六号空间操控救援双星负责人等，带领团队完成了十余颗卫星的发射任务；现任国际重大项目中国—巴基斯坦双星、科技部重点研发计划极地卫星等重大任务负责人。

　　常亮作为暗物质粒子探测卫星"悟空号"的总体主任设计师，从 2009 年该卫星的预研工作开始，带领工程团队与科学家共同努力，攻关了多项关键技术，提出了"以有效载荷为中心"的一体化卫星及电子学设计理念，使卫星平台的整体质量大大减小，确保 2015 年该卫星成功发射。目前，该卫星已经在轨稳定运行 8 年多，远超设计寿命。常亮带领团队一直保障该卫星的稳定运行，取得了丰富的研究成果，在国际上发表了多篇重要论文。相关研究成果多次进入习近平总书记的新年贺词以及党的十九大报告中。

　　常亮担任博士生导师指导十余名学生，发表 50 余篇论文，获得专利 50 余项。他担任国务院、中央军委第一届装备试验鉴定咨询委员会委员，军用专业标准化技术委员会委员，军委科学技术委员会重点项目组专家，全国信息技术标准化技术委员会软件与系统工程分技术委员会委员，中国计算机学会（CCF）抗恶劣环境计算机专业委员会委员等；在国家层面为航天及信息技术发展提供建议与支撑；同时担任九三学社中央科普工作委员会委员、上海市科普专委会副主任、上海市政协常委等职务；也是上海市科普志愿者协会"院士专家科学诠释者"指导团成员。

茫茫宇宙中，发光的星体只是一个个可见的孤岛，宇宙的绝大部分是黑暗和混沌的。宇宙中零星存在一些不发光的物质本属平常之事，然而随着天文学观测进入高精度时代，人们认识到整个宇宙是被某种不发光的神秘物质主导的——它和我们目前已知的任何一种物质都不同，而人类迄今了解的所有形形色色的物质，只是物质世界的冰山一角。

什么是暗物质？

"dark matter" 中文译为 "暗物质"，最早由荷兰天文学家、恒星天文学的先驱者卡普坦（Kapteyn）在 1922 年提出，指可通过星体的运动间接推断出的、其周围可能存在的不可见物质。但卡普坦对太阳系附近星体运动的研究未能发现暗物质存在的确凿依据。1933 年，美国加州理工学院的天体物理学家兹威基（Zwicky）首次在实验中找到暗物质存在的证据——他利用光谱红移测量了后发座星系团中各个星系相对于星系团的运动速度，发现它们运动得太快，以至于仅靠星系团中可见星系的质量提供的引力无法将它们束缚在一起。他由此推断，后发座星系团之所以能够保持现在的状态，其中应该存在大量暗物质，并且其质量至少为可见星系的百倍（虽然后来更精确的研究证明只有十倍左右，但他得出星系团中的物质以暗物质为主的结论依然正确）。

虽然这一革命性的结论在当时未能引起学术界的重视，但之后不断有研究结论支持他的观点。决定性的证据出现在 1970 年，其时，美国天体物理学家鲁宾（Rubin）和福特（Ford）在星系旋转速度的研究中取得了重大突破——这让学术界认识到，暗物质的确大量存在，这逐渐成为学术界的主流观点。这两位科学家利用高精度的光谱测量技术，精确地探测到非常遥远的星体和星际气体绕星系旋转的速度与距离的关系。简单来说，按照牛顿万有引力定律，如果星系的质量主要集中在星系核心区的可见星体上，那么星系外围的星体旋转的速度将随着它与核心区距离的增加而减小。但观测结果却表明在相当大的范围内，星系外围的星体旋转的速度是恒定的。这意味着要么牛顿万有引力定律不正确，要么星系中有大量不可见物质分布在星系的非核心区，并且其质量远大于发光星体的质量总和。

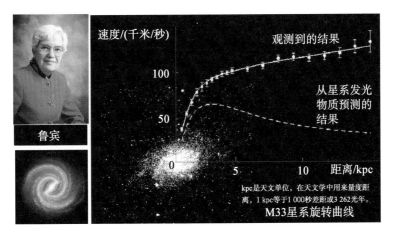

鲁宾发现存在暗物质

经过大量后续研究，"存在暗物质"这一推论逐渐被天文学界广泛认可。但正如前文所说，观测到的现象也有可能意味着万有引力定律是需要修改的，并非由暗物质引起。荷兰阿姆斯特丹大学的理论物理学家埃里克·韦尔兰德（Erik Verlinde）就在这条路上进行了新的探索，并取得了部分成功。但目前尚未找到一个修正万有引力定律的理论，能够统一解释主要的观测事实，尤其是解释宇宙中大尺度结构的形成以及微波背景辐射中的扰动。而引入"暗物质"的概念来理解这些观测事实，相对要容易得多。应该说，存在暗物质仍然是目前学术界的主流观点。

暗物质虽不可见，但我们能通过其他方式发现它们存在的蛛丝马迹。比如，星系团中普遍存在能发射出 X 射线的炽热气体，如果没有足够的引力，气体将很快"逃出"星系团并消散。因此，科学家通过气体的温度就能推测出星系团的质量——大量对星系团 X 射线的观测数据表明，星系团的质量远大于其中发光部分贡献的质量，这就说明有大量暗物质存在。再比如，根据广义相对论，引力能导致光线弯曲。如果暗物质大量存在，其产生的引力必然会改变"路过"的光线的走向。科学家在天文观测中发现，我们看到的星系的形状和它们的实际形状不相符，这说明星系发出的光线"变形"了，因此推测星系团中可能存在大量暗物质。这些不同方法得出的结论基本保持一致，且可以互相印证。

怎么找到暗物质？

我们对暗物质属性的了解很少——目前我们只知道暗物质不是什么，但并不知道它是什么——暗物质应是有质量的，能够参与引力相互作用，但还不知道单个暗物质粒子的质量；暗物质应该很难衰变，因为在宇宙结构形成的不同阶段都有暗物质存在的证据，其寿命起码超过宇宙年龄；暗物质基本不参与电磁相互作用，暗物质与光子的相互作用必须非常弱，以至于基本不发光；数值模拟表明暗物质也不可能高速运动，否则宇宙无法在引力作用下形成目前的星系、星系团等结构；暗物质不可能是常规致密天体，比如中子星和黑洞，因为微引力透镜的巡天观测研究显示，宇宙中这类不发光的致密天体的总量是很小的。

更重要的是，暗物质不应是常规物质，即不是由质子和中子构成的。人类已知的物质世界几乎全部由原子核，即质子和中子构成，并且这种常规物质的总量是确定的——这可由原初核合成理论计算得出，并与观测结果令人吃惊地符合。因此，如此大量的暗物质不可能来自常规物质，它是一种完全未知的新的物质类型。我们已知的所有常规物质都能够用粒子物理标准模型来解释，但暗物质的存在对这一模型的完备性提出了巨大的挑战。

虽然在目前的标准模型中，找不到一种粒子符合观测到的暗物质的特性，但是人们仍然希望暗物质也能被放进类似的理论框架中，从而可以通过理论推导和实验相结合的方法去研究它。相比于虚无缥缈的愿景，人们更愿意从有根据的推论和看得见、摸得着的研究手段出发，来绘制搜寻暗物质的路线图。

在众多暗物质粒子模型候选者中，被较为广泛接受和容易验证的一种叫作"弱相互作用大质量粒子"，简称 WIMP。这种方案的提出，是基于以下的一些假设：

（1）暗物质可能也是由单个粒子组成的；

（2）与普通物质的粒子类似，暗物质粒子也具有一定的质量和量子数；

（3）暗物质粒子之所以"暗"，只是因为不产生电磁相互作用而已，它与普通物质之间仍然可以发生其他的相互作用。

因此，暗物质粒子可以作为标准模型的"扩展"加入进来：它可以在普通物质的高能撞击中产生；它可以与普通粒子发生碰撞，产生"反冲"的效果；它们互相之间也能发生湮灭，生成普通粒子。

目前寻找暗物质通常有以下三种方法：

一是空间探测[1]，即通过宇宙星系中暗物质的湮灭或微衰变产生的次级粒子，如正负电子、正反质子、中微子、光子等进行探测。空间探测是一种间接探测方法。根据目前的理论模型，暗物质粒子衰变或相互作用后可能会产生稳定的高能粒子，如果我们能够精确测量这些粒子的能谱，可能会发现暗物质粒子留下的蛛丝马迹。目前的空间探测实验设备有诺贝尔物理学奖得主丁肇中主持的装载在国际空间站的阿尔法磁谱仪、美国的费米卫星、我国的"悟空号"暗物质探测卫星等。

二是地下探测，这是一种直接探测方法，在深部地下实验室的低辐射本地环境下，探测暗物质与原子核可能的碰撞散射过程。该方法直接探测来自宇宙空间的暗物质粒子和原子核碰撞所产生的信号。由于发生这种碰撞的概率很小，产生的信号也极其微弱，因此为了降低来自太空的宇宙射线的本底"噪声"，通常需要把探测器放置在很深的地下。目前采用深部地下探测的有美国的低温暗物质搜寻（CDMS）和氙 100（XENON100）实验，我国的暗物质实验（CDEX）和粒子与天体物理氙探测器（PandaX）实验等数十个实验。

三是加速器实验，即在高能对撞机上直接产生暗物质粒子并进行探测。对于轴子类型的暗物质，可以通过其在强磁场中产生的光子进行探测。加速器实验是一种主动"制造"暗物质的方法。在高能加速器上让粒子互相碰撞，打出新粒子，将暗物质粒子"创造"出来，并研究其物理特性。但要在加速器上进行暗物质实验，需要很高的能量，目前能量最高的对撞机是欧洲大型强子对撞机。

天文学家在不同的观测中发现，宇宙需要一种不可见的、能够提供引力的物质，即暗物质。弱相互作用大质量粒子（WIMP）是暗物质粒子模型中的重要候选者，一些模型预言 WIMP 暗物质粒子湮灭或衰变可以形成吉电子伏特～太电子伏特（GeV～TeV）能区的谱线。来自天体物理过程的高能辐射与带电的宇宙射线粒子相关，这是由于加速和能量损耗的过程通常不会集中于某一个能量，因而天体物理过程产生的伽马射线辐射是一个连续谱。假如在伽马射线能区发现一条谱线，那么预示着存在某种来自暗物质或新物理的未知过程。天文界正积极开展谱线搜寻工作。

暗物质粒子探测是目前的科学热点，国际上的空间实验刚刚起步。在空间天基观测方法研究中，世界各国已先后发射多颗天文观测卫星，其研究重点都聚焦到正电子、反质子、伽马射线、黑洞、暗物质等的相关观测上来。

目前国际上用于暗物质粒子探测的航天工程主要有反物质-物质探测与轻核天体物理学载荷（PAMELA）、费米伽马射线广域空间望远镜（GLAST）和国际空间站阿尔法磁谱仪（AMS、AMS-02）。

反物质-物质探测与轻核天体物理学载荷

反物质-物质探测与轻核天体物理学载荷（PAMELA）由意大利、德国、俄罗斯、瑞典等国的科学家联合研制，用于研究地球轨道的宇宙射线，目的是进一步了解暗物质、物质与反物质的关系，以及星系物质起源与发展等。

PAMELA 搭载俄罗斯 Resurs DK1 卫星，于 2006 年 6 月 15 日由俄罗斯

三级"联盟（Soyuz）"号火箭从拜科努尔航天发射场发射，入轨后不到 9 分钟，成功与火箭上面级分离，开展观测任务。Resurs DK1 卫星不但搭载了 PAMELA 望远镜，还载有一套俄罗斯地表多光谱遥感仪和一台粒子探测器，其中 PAMELA 望远镜装置安装于卫星上部，固定在压力舱内，以确保在发射和轨道机动期间仪器设备的安全，在观测期间，压力舱进行转动来保证观测仪器视场清晰，整星如下图所示。

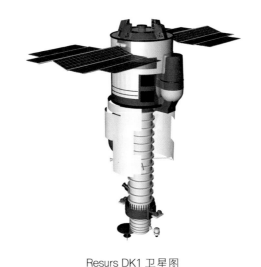

Resurs DK1 卫星图

　　PAMELA 太空望远镜主要由磁谱仪、电磁成像热敏仪、精确飞行时间计数器、反符合系统、中子探测器、底部闪烁计数设备和工程任务保障模块等组成。

费米伽马射线广域空间望远镜

　　费米伽马射线广域空间望远镜（GLAST）由美国主导建造，并得到了法国、德国、意大利、日本和瑞典 5 个国家的政府机构及科研组织的资金和技术支持，主要用于研究高能辐射物和黑洞，发现存在暗物质的证据及暗物质特性，进一步了解宇宙最极端环境中的物质特性。

GLAST 于 2008 年 6 月 11 日发射入近地轨道，GLAST 上的大口径望远镜（LAT）是天文观测的主要仪器设备，GLAST 的 LAT 能够在任意时刻观测到宇宙空间 20％的巨大范围，并且可以侦测出 20 兆电子伏特（MeV）～ 300 吉电子伏特（GeV）范围内的伽马射线方向及射线到达探测器的时间。GLAST 上 LAT 的视场是其前任高能伽马射线望远镜（EGRET）的 4 倍，对射线能量的敏感度是 EGRET 的 30 倍之多。GLAST 主要由 GLAST 脉冲监控器（GBM）、LAT（包括反符合探测器、热敏仪、跟踪器）和 LAT 散热器组成，其整星如下图所示。

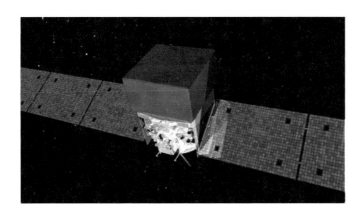

GLAST 卫星图

国际空间站阿尔法磁谱仪

国际空间站阿尔法磁谱仪（AMS）是由美籍华人丁肇中教授领导，美国、中国、瑞士、法国、德国、意大利、俄罗斯等 16 个国家的大学和科研机构参加的大型国际合作项目。该仪器安装在国际空间站上，利用外太空所独有的空间环境进行大型粒子物理实验，并进一步证实宇宙中是否存在由正电子与反质子组成的反物质，以及探寻暗物质存在的证据及其特性。目前，AMS 系列已经发展为第二代，AMS - 02 是进行空间观测的最复杂、最强有力的武器。AMS 在国际空间站上的安装位置如下图所示。

AMS 在国际空间站上的安装位置

研究人员分析介绍，国际空间站是安装 AMS - 02 的最佳选择。这台设备对长时间曝光和稳定性都有要求，安装在国际空间站方便科学家对其需要使用 10 年以上的可靠仪器进行必要维护。AMS - 02 将一直停留在国际空间站，不间断地进行空间观测，以找到存在暗物质及反物质的充足证据。

"悟空号" 卫星横空出世

2011 年，中国科学院负责实施空间科学战略性先导科技专项，由首席科学家常进提出的暗物质粒子探测卫星（DAMPE）得以立项，后被命名为"悟空号"。经过团队共同努力，"悟空号"于 2015 年 12 月 17 日顺利发射，终于实现了我国天文卫星零的突破。

作为我国空间科学卫星系列的首发星，"悟空号"其实就是一台给宇宙射线和高能粒子拍照的"照相机"——它最主要的科学目标就是高精度、宽能段地观测宇宙中的伽马射线和高能电子、宇宙射线核素的能谱和空间分布。这台"照相机"所记录的宇宙射线信息，可能对宇宙射线的传播和加速机制、宇宙射线起源、伽马射线天文学等领域的研究起到重要的作用，进而从中发现暗物质的踪迹，为人们进一步探寻指明方向。

科学家们给这颗暗物质粒子探测卫星起了"悟空号"这个绝妙的昵称有着多重深意。一方面，人们希望这颗卫星就像孙悟空那样，用一双"火眼金睛"探测宇宙中隐藏的秘密，让暗物质无所遁形；另一方面，这颗卫星的使命就是去"领悟"宇宙"空虚"中暗物质的奥妙，也正合"悟空"之意。这饱含科学家们对暗物质粒子探测卫星的殷切期盼，也是航天工作者在枯燥严谨的工作中流露出的一丝浪漫。

人眼能看到光明，靠的是视网膜把光转化为神经电信号；照相机能记录图像，也是因为胶片在光照下发生化学反应，或者感光元件在光激发下发生光电转换。

暗物质粒子探测卫星的探测器要想"看到"高能粒子，也需要类似的转换。高能粒子撞击到一些物质上会发生相互作用（我们把每次撞击叫作一次"事件"），有些物质遇到高能粒子的撞击会直接发生电离或者产生电信号，我们通过电路就能把这些信号收集起来。另外有些物质遇到高能粒子则会发出可见光，就像是被撞击后"闪烁"了一下，这种物质叫作"闪烁体"。我们在闪烁体的旁边再放上光电转换设备，通过"高能粒子—可见光光子—电信号"的两步转换，就能记录下这些高能粒子的事件。

拓展阅读

　　暗物质粒子探测卫星系统由塑闪阵列探测器、硅阵列探测器、BGO量能器、中子探测器、载荷数据管理、结构、热控、姿态控制、星务、测控、数传、电源及总体电路分系统组成，各分系统组成单元、技术特点和功能如下。

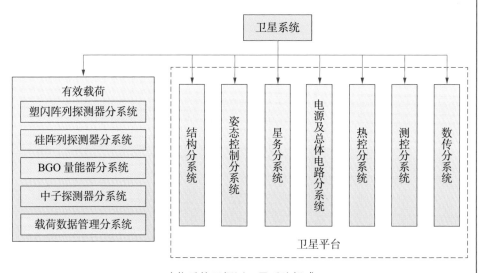

暗物质粒子探测卫星系统组成

　　有效载荷由探测器和载荷数据管理分系统组成，其中塑闪阵列探测器、硅阵列探测器、BGO量能器、中子探测器共4个探测器组成暗物质粒子探测器。

　　塑闪阵列探测器作为入射粒子的径迹探测器，主要用于重构带电粒子入射的径迹，区分电子和光子事件。作为硅阵列探测器的备份，塑闪阵列探测器同样也可以通过探测带电粒子的能量损耗，鉴别入射粒子（核素）的种类。

在塑闪阵列探测器下方利用硅阵列探测器测量重离子，实现重离子鉴别。结合 BGO 量能器探测的粒子总能量，鉴别入射粒子（核素）的种类，从而研究宇宙射线的起源和加速机制。

BGO 量能器的主要功能是探测入射粒子的能量沉积和分布，从而区分电子（光子）和质子。BGO 量能器对电子和光子的探测能量范围为 5 吉电子伏特～10 太电子伏特。

最底部采用掺硼塑闪体中子探测器测量中子，中子探测器通过探测中子能谱，配合各个探测器，进一步区分电子和质子事件。

下图是暗物质探测器的模型，顶部是塑闪阵列探测器，下方是硅阵列探测器，第三层是 BGO 量能器，底部是掺硼塑闪体构成的中子探测器。

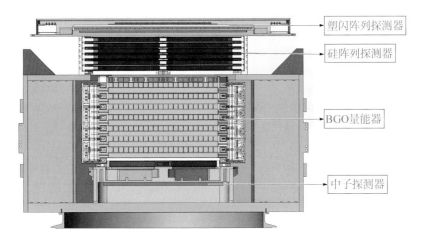

整个探测器组成示意图

各探测器功能矩阵如下表所示。

各探测器功能矩阵表

探测能力	探测器类别			
	塑闪阵列探测器	硅阵列探测器	BGO量能器	中子探测器
电子与质子的鉴别			√	√
电子与伽马射线的鉴别	√	√		
核素鉴别	√	第一层		
能量分辨			√	
空间分辨	√	√	√	

　　载荷数据管理分系统负责探测器与整星进行通信及载荷各单机的管理任务，采用 4 台电源机箱对硅阵列探测器、塑闪阵列探测器和 BGO 量能器的探测数据电子学读数部分和高压供电机箱进行供电。

　　卫星平台[2]是支撑探测器完成所有工作的基础，主要由以下分系统组成。

　　结构分系统用于承受和传递整星载荷，为卫星及相关分系统提供支撑、保持刚度和尺寸稳定性，为星上仪器设备的安装提供机械接口，为星上相关仪器设备提供保护。卫星有效载荷质量占整星质量的 3/4 左右，根据载荷特点，卫星采用以载荷为中心的设计方案，探测器位于整星中心，电子学机箱及平台各单机均布置于探测器周围的隔板上。这样整星质量就大大减小了，最终使得平台部分质量仅为 400 千克，支撑 1 400 千克的探测器完成任务。

热控分系统主要确保整星的各单机处于良好的工作温度环境中。尤其是有效载荷需要不同的最佳工作温度，使用多层隔热组件及玻璃钢隔热垫片等热控措施，使卫星平台单机与载荷分别采用相互独立的散热通道及散热面，进行独立控温，防止相互之间的热影响；硅阵列探测器、塑闪阵列探测器、BGO 量能器之间均分别进行隔热安装，且各探测器都设置有相对独立的散热面，确保探测器稳定运行。

姿态控制分系统在科学探测期间，首先保证卫星稳定对地定向，满足探测任务所需的指向精度、定姿精度和稳定度要求。在随后的第二阶段对暗物质目标区域（银心或某特定区域）进行长时间定向探测，并在保持固定指向时期，满足探测任务所需的指向精度、定姿精度和稳定度要求。

星务分系统是整星的"大脑"，是实现整星管理与控制的核心，负责完成各种飞行管理、星上时间管理、整星校时、自主运行模式控制与管理、姿态控制等工作，对卫星上各功能模块进行高效、可靠的管理与控制，监视整星状态，协调星上各模块的工作，以实现卫星预定的功能与任务。

测控分系统是卫星的"眼睛"和"耳朵"，用来与地面进行通信，接收地面遥控指令和注入数据，执行直接指令，同时下发遥测数据；完成实时遥测帧的组帧下发和延时遥测帧的组帧存储下发；配合地面站完成对卫星的跟踪、测距、测轨、遥测、遥控。

数传分系统主要负责高速数据的下传，包括数据存储器、数传发射机、微波开关、数传天线；将探测器产生的大量数据积累到数据存储器中，在卫星过境时高速地将数据传输给地面人员进行分析。

电源及总体电路分系统是整星的能源来源，利用太阳能电池方阵在光照时提供星上电能，并给蓄电池组充电。电源控制器及配电器完成充放电控制与分流控制，保持母线稳定并配送给每个设备。光照期输出功率优先满足载荷要求，并输出功率给蓄电池组充电，多余功率分流。

悟空取得真经

和《西游记》中的神话人物孙悟空一样，"悟空号"卫星具有"火眼金睛"，能探测到极微量的电子宇宙射线，同时，它也能精确测量质子、氦核等原子核宇宙射线。

电子宇宙射线能谱

2017 年 11 月，"悟空号"首批科学成果发表在权威期刊《自然》（Nature）上。"悟空号"第一次精确探测到太电子伏特能区的正负电子，实现了最高的背景排除率和能量测量精度[3]。这意味着"悟空号"卫星成功开启太电子伏特能区的观测窗口，让天文学界看到了新的世界。

经过十几年的努力，常进作为暗物质粒子探测卫星项目首席科学家，终于从上天近两年的"悟空号"传回的数据中，收获了一条激动人心的曲线——在 1.4 太电子伏特的超高能量处，电子数量突然出现了增加，而在更高能段又迅速减少，说明有可能在此处存在精细结构。至今没有一个理论可以对此做出解释。一旦该精细结构得以确定，将是粒子物理或天体物理领域的开创性发现。

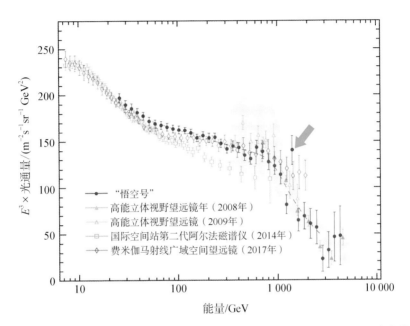

由"悟空号"数据绘制的电子能谱（红色点）与其他探测设备结果比较（图片来自紫金山天文台）

这到底意味着什么？发表在《自然》杂志上的论文，使用了"悟空号"自2015年12月17日发射升空后，从280亿个高能宇宙射线数据中筛选出的150万个25吉电子伏特（GeV）以上的高能电子，获得了国际上对电子能谱最精确的测量。时任中国科学院院长白春礼在瑞士日内瓦见到丁肇中先生，将"悟空号"的最新发现告诉了这位受到世界尊敬的物理学家。丁肇中说，由于技术能力的限制，国际空间站第二代阿尔法磁谱仪（AMS-02）对1太电子伏特以上的宇宙高能粒子观测能力有限，很高兴"悟空号"做到了。

质子宇宙射线能谱

北京时间 2019 年 9 月 28 日，基于"悟空号"收集到的升空后前两年半的数据，"悟空号"国际合作组在《科学进展》（Science Advances）杂志上发表了从 40 吉电子伏特到 100 太电子伏特能段的宇宙射线质子精确能谱测量结果[4]。这是国际上首次利用空间实验实现对高达 100 太电子伏特的宇宙射线质子能谱的精确测量，该能量上限比丁肇中先生领导的国际空间站第二代阿尔法磁谱仪（AMS－02）实验结果高出约 50 倍，比日本科学家领衔的 CALET 实验的最新结果高出 10 倍。

"悟空号"首次发现质子能谱在约 14 太电子伏特出现明显的能谱变软结构，这一新的结构很可能是个别邻近的宇宙射线源留下的印记，拐折能量即对应其加速上限。

氦核宇宙射线能谱

2021 年，"悟空号"根据升空后前四年半的在轨观测数据，成功获得了氦核宇宙射线从 70 吉电子伏特到 80 太电子伏特能段的精确能谱测量结果[5]。该结果于 2021 年 5 月 18 日发表在《物理评论快报》（Physical Review Letters）杂志上。

"悟空号"的探测是国际上首次利用空间实验对 10 太电子伏特以上能段的氦核宇宙射线能谱进行精确测量。同时，"悟空号"还探测到氦核能谱的新结构，与质子能谱相比对，发现了电荷依赖特性，对揭示高能宇宙射线的起源以及加速机制具有十分重要的意义。

结语

经过数年的在轨观测，"悟空号"探测到的空间高能粒子越来越多。自 2015 年 12 月 20 日接收到第一帧数据，直至 2022 年 6 月 1 日，"悟空号"累计接收数据 35 912 轨，在轨飞行 2 355 天，完成了全天区的第 12 遍扫描，共探测并处理了约 117.6 亿个高能粒子。

"悟空号"优良的电荷分辨率和较大的探测器接收面积，使得我们能够探测到高能宇宙射线。它运行稳定，不断积累数据，所得科学结果的可靠性也不断增强。

回顾整个项目，从我国科学家领衔提出科学目标，各单位协力合作研制探测器，到最终成功发射；从获取观测数据到在轨延寿运行；从原始数据分析到收获重要原创成果，几代天文学家的天文卫星设想最终梦圆"悟空号"，开启了中国空间科学的新时代。

参考文献

［1］常进.暗物质粒子空间间接探测［J］.上海航天,2019,36(4):1-8.

［2］董磊,李华旺,诸成,等.以载荷为中心的暗物质探测卫星机电热一体化设计［J］.空间科学学报,2017,37(2):229-237.

［3］DAMPE Collaboration. Direct detection of a break in the teraelectronvolt cosmic-ray spectrum of electrons and positrons［J］. Nature, 2017,552:63-66.

［4］An Q, Asfandiyarov R, Azzarello P, et al. Measurement of the cosmic ray proton spectrum from 40 GeV to 100 TeV with the DAMPE satellite［J］. Science Advances, 2019,5(9):eaax3793.

［5］Alemanno F, An Q, Azzarello P, et al. Measurement of the cosmic ray helium energy spectrum from 70 GeV to 80 TeV with the DAMPE space mission［J］. Physical Review Letters, 2021,126:201102.

空间微重力：植物的太空生长变形记

郑慧琼

郑慧琼，中国科学院分子植物科学卓越创新中心研究员，博士生导师，中国空间科学学会理事；研究方向为空间生物学，近年来主持完成了国家载人航天工程和科学实验卫星项目6项、国家重点基础研究发展计划（973计划）课题1项、国家自然科学基金面上项目6项、中国科学院知识创新工程项目3项、上海市科技攻关重点项目、中国科学院战略先导课题等多项；发表相关研究论文60多篇，研究成果先后获得上海市科技进步奖二等奖和三等奖、军队科技进步奖二等奖各1项；先后获得上海市"三八红旗手标兵"提名奖，"全国三八红旗手""国家载人航天应用系统优秀工作者""中国空间科学领域最美工作者"等荣誉称号。

　　为了探索广阔的宇宙，拓展人类生存发展的领域，开发和利用无尽的太空星球和空间资源，近十多年来，重返月球、登陆火星、建立月球或火星基地，甚至飞向更加遥远的深空的探测计划相继被提出。然而，人类在地球上的生存、发展历经了亿万年，今天的人类文明有赖于地球的独特环境。如果人类飞出地球，离开这个环境，到太空或其他星球如何才能生存？这就提出了地外生命保障系统问题——如何实现长期载人航天活动以及建立地外星球基地，提供正常人类生活所必需的粮食、氧气和水？

为什么要研究在太空种粮种菜？

　　目前，重返月球、登陆火星等已成为当前人类探索太空的重要目标，建立以植物为基础的空间生物再生生命支持系统是实现载人深空探测的关键前提。但是，在宇宙严酷的环境中植物无法直接生存，必须生长在类似空间站的封闭人造环境中。如何在较小的封闭人造环境中实现粮食和蔬菜的可持续和高效生产，满足航天员长期远离地球的地外生活需求，是空间植物学要解决的关键科学问题。地外环境没有大气和水，存在粒子辐射、微重力、急剧变化的温度等恶劣条件，不适于人类生活。因此，为了实现长期载人航天及地外星球居住，首要工作就是解决人类在地外生存所需的粮食、氧气和净水的供应问题。目前，在我国神舟系列飞船、中国空间站、国际空间站和俄罗斯的"和平"号空间站中，航天员吃的食物只能一次性从地球携带或运输，不能再生或自给自足[1]。随着航天技术的发展，人类必然要进行长时间、更远距离的太空探索。完全依赖于从地面携带或补给食物不仅十分昂贵，而且几乎不可能实现。科学研究表明，建立以绿色植物为基础的空间生物再生生命保障系统是目前实现载人深空探测唯一可行且不可缺少的途径。

在地球上，人类的生存和发展依赖于植物的光合作用，粮食、油料、纤维、木材、糖、蔬菜和水果的生产等都归功于光合作用。植物的光合作用可以利用太阳光的能量吸收二氧化碳，释放氧气，并通过蒸腾作用产生干净的水。在地球外，植物能为长时间处于孤寂环境中的航天员带来生气，增加人类空间生活的乐趣，减轻心理压力。因此，植物是空间生物再生生命保障系统中物质循环和能量交换的核心要素。

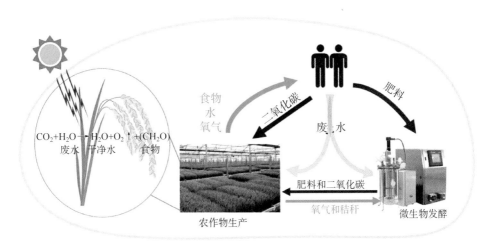

植物光合作用是空间生物再生生命保障系统的基础

要在太空中种粮种菜，必须了解植物在太空中的生长发育规律。但是，迄今为止，我们的植物学知识都来自对地球独特的重力环境的理论总结。人类进入航天时代之后，离开了地球重力环境，迈向了微重力的空间和低重力的地外星球（月球、火星）。新的环境给植物学提出了许多新的问题，要解决这些问题，原有的植物学知识不够用了，理论、方法不完全适用了，需要进行大量的实验和研究，从中寻找新的规律，总结出新的理论和方法，研究并了解在空间环境中植物的特有生命活动现象，利用空间植物学的研究成果扩大人类认识自然的视野、增强探索和开发宇宙的能力，加深关于植物在不同环境下的生存、发展变化规律的知识；发展空间植物培养新技术、新方法和新设备，最终实现植物在太空中的最佳生长和高效生产，为建造高效、稳定运行的地外生命保障系统提供支持。

空间栽培植物的挑战

地球上的植物长期以来适应了地球环境。欲将地球植物带上太空生长，且能够高质、高效地产出供航天员生存所需的粮食和蔬菜，还需要面对很多挑战[2]，总结起来主要有以下三个方面。

狭小的封闭环境

与地面农作物生长在广袤的田野中不同，未来太空作物必须在相对较小的封闭人工环境条件下生长。目前人类所知的太空环境是极其严酷的，生命难以存活其中。植物生长对温度的要求非常严格，在0摄氏度以下的冰冻环境中，绝大多数地球植物都无法长期生存，而0摄氏度以上的低温也会引起冻害，比如，水稻、番茄和黄瓜等喜温植物在 10～12 摄氏度就会受到冻害；一些耐寒植物，如冬小麦能抵御冻害，但是其开花结籽需要 20 摄氏度以上的温度，低温会导致不育。此外，低温还会影响植物的呼吸作用、光合作用、代谢活性和细胞结构的稳定性。自宇宙大爆炸以后，随着宇宙的膨胀，温度不断降低，当前太空已成为高寒的环境，平均温度为零下 270.3 摄氏度。月球表面的昼夜温差很大，月昼阳光直射时的表面温度高达 127 摄氏度，而月夜月球表面的温度可降低至零下 183 摄氏度。火星表面的温度也在零下 68 摄氏度至零下 13 摄氏度之间。更为严酷的是宇宙空间高真空的大气环境，或像火星表面只有极其稀薄的大气。因此，在宇宙环境中无法直接进行农作物的栽培，必须在人造的模拟地球环境的封闭条件下进行[3]。这种人造环境的建造和维持成本极其高昂，用于农作物种植的面积非常小。要在这样的条件下生产出供航天员生存所需的粮食，必须要研究出能够高度适应太空环境、高效生产的优质农作物。

太空微重力及其次生效应

重力是地球上所有生物生存发展的基本条件，无时无刻不影响着地球上所有的生物。植物同其他生物一样在地球上经历了亿万年的演化，地球重力决定了植物的形态、生理功能和繁殖能力。太空微重力对植物是一种严重的胁迫因子，植物的形态失去了重力的引导变得无序，茎叶不能有效地利用光能进行光合作用，根无法最大化地吸收水分和养分，基因和蛋白质的表达发生了变化，代谢活性等都受到了影响，使得植物产生各种"航天综合征"，严重影响作物在太空中的生长。此外，微重力还会导致环境湿度增加、营养吸收困难、气体交换与扩散改变等严重影响植物在空间中生长发育的问题。在太空中模拟地球重力环境需要在人造的植物培养环境中进行，维护的成本太高，也难以实现。最为可行的途径是利用植物具有较强的环境适应性和可塑性，通过研究如何使植物适应空间环境，进而寻找有效控制作物在空间生长发育的途径和手段，实现高效粮食生产。

太空中其他难以防护的因素

辐射和磁场等环境条件的改变也可能导致植物的空间生长出现问题。太空中由高能带电粒子形成的电离辐射不能穿越大气层和地球磁场，未能对地球生物构成威胁，但是，在太空中如果不对这类粒子进行屏蔽，将极大地危害生命，导致染色体损伤、细胞被杀死以及基因突变等。尽管处于休眠状态的种子在太空飞行器中存储较长时间仍然不影响其发芽生长，成为几十年来空间植物育种普遍采用的材料，但是目前仍没有不经屏蔽，在太空辐射环境中植物成功生长的报道。根据地面高能粒子辐射模拟实验结果可知，太空辐射对地球生物有极大的危害，植物也无法直接生长于太空辐射环境中，因此，在太空进行作物栽培必须要考虑对空间粒子辐射的屏蔽和监测。

太空中成功培养的植物

自1957年第一颗人造地球卫星发射以来，科学家们对在太空中种植和栽培植物进行了大量的研究，在各种空间飞行器中进行了20多种植物的培养实验。迄今，国际上研制了21台空间植物培养箱或实验模块，开展了50多项空间植物培养实验。早期空间植物培养实验的主要目标是在空间环境中养活植物，使其能够萌发、生长、开花和产生种子，如今这些目标都一一实现了。

一些基本的空间植物生物学问题，如植物的向性生长，根的形成、萌发，种子的成分，基因和蛋白质的表达变化等也在此过程中得到了较为深入的研究。目前科学家们的研究重点逐渐由植物幼苗阶段扩展至种子生产。在我国空间站建成之前，国际上只有拟南芥、油菜、小麦和豌豆在空间完成了从种子到种子的实验[2]。

我国空间植物学研究起步较晚，早期主要是利用返回式卫星进行干种子搭载实验。直到 1986 年，我国首次利用"尖兵四号"返回式卫星进行石刁柏、萝卜幼苗培养实验。1992 年，中国载人航天工程正式立项，先后利用"神舟四号"飞船进行了空间烟草原生质细胞电融合实验[4]，"神舟八号"飞船进行了拟南芥和水稻幼苗的愈伤组织培养实验，并在基因组和蛋白质组水平上开展了重力生物学的研究。2006 年，我国在"实践八号"卫星留轨舱内，实时观察和记录了种植时间长达 21 天的青菜抽薹、开花、授粉的情况[5]；2016 年，在"实践十号"返回式卫星上，开展了空间微重力下水稻和拟南芥的开花时间控制研究；同年在"天宫二号"空间实验室中，我国首次开展了拟南芥从种子到种子的空间实验，标志我国空间生命科学开展长期在轨实验的开始。2022 年，我们在我国空间站上首次在国际范围内实现了水稻从种子到种子，再到再生稻的种子的实验，标志着水稻作为粮食作物在空间培养实验的开始。

我国"从种子到种子"的全生命周期实验

问天实验舱中的拟南芥和水稻

我国空间站首次实验的样品是两种模式植物——拟南芥和水稻。拟南芥代表双子叶、长日、十字花科植物，很多蔬菜，比如青菜、油菜等都属于十字花科。早在 1983 年，在苏联的礼炮号空间站中，科学家利用拟南芥第一次在太空完成了植物从种子到种子的实验，证明在微重力条件下植物能够完成种子发育，后续又在和平号空间站、国际空间站中分别由俄罗斯、美国和日本科学家完成了三次拟南芥从种子到种子的实验。我国分别在"天宫二号"空间实验室和中国空间站中完成了两次拟南芥全生命周期的实验。

水稻代表单子叶、短日、禾本科植物，很多粮食类作物，比如小麦、玉米等都属于禾本科。在空间培育粮食是未来生物再生生命保障系统的核心技术之一，粮食作物需要的培养空间相对较大，在我们的空间实验进行之前，在空间培养粮食作物仅小麦成功一次。随着载人航天技术的发展，用于植物培养的空间会越来越大，粮食作物的空间培养将是未来空间植物学的研究重点。

水稻和拟南芥特征的异同

	水稻	拟南芥
相同点	模式植物，有较好的研究基础	
	个体相对较小，易于栽培	
	生长周期较短，可自花授粉，种子结实量大	
	突变体材料多，基因组较小	
不同点	禾本科	十字花科
	短日植物	长日植物
	高光效，抗逆性强，适宜生长光强在 200 微摩尔/（米^2·秒）以上	适宜生长光强为 120 微摩尔/（米^2·秒）以上
	培育适宜温度为 25～30 摄氏度	培育适宜温度为 17～22 摄氏度

　　2022 年 7 月 24 日，我国空间站问天实验舱成功发射并与天和核心舱交会对接，问天实验舱搭载了生命生态实验柜、生物技术实验柜等科学实验柜，同时，随问天实验舱升空的还有安装拟南芥和水稻种子的实验单元。7 月 28 日，种子随实验单元由航天员安装至问天实验舱的通用生物实验模块中，通过地面程序注入指令，于 7 月 29 日向实验单元中注入营养液，启动实验。经过 120 天的空间培养，拟南芥和水稻的种子完成了萌发、幼苗生长、开花，并发育出了新一代种子。在实验过程中，航天员三次采集了不同发育阶段的水稻和拟南芥样品，并冷冻保存于空间低温存储柜中。最后，这些冷冻保存

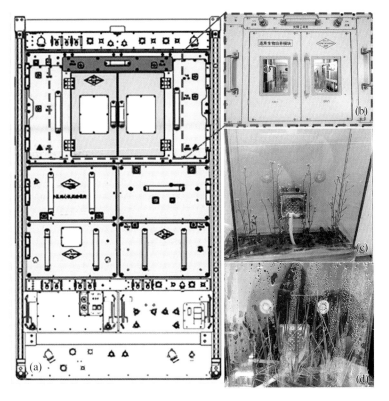

生命生态柜中生长的拟南芥和水稻

（a）生命生态实验柜；（b）通用生物培养模块；（c）、（d）培养拟南芥和水稻的培养单元

的样品连同空间收获的种子随"神舟十四号"飞船返回地面。

太空中重力变化的影响

重力在地球上几乎是一个衡量。高等植物是在 1g（约 9.80 米/秒²）地球重力条件下经过 40 多亿年进化而来的，其形态结构、代谢和遗传调控均适应于 1g 的地球重力环境。植物依照重力方向生长的特性通常称为"向重性反应"，比如植物根沿着重力方向向下生长称为"正向重性"，而茎逆重力方向向上生长称为"负向重性"。向重性反应使得根能够向下生长至土壤中，吸收水分和矿质营养，而茎向上生长获得更多的光，进行光合作用。因此，植物的向重性反应是植物生长发育不可缺少的重要调控机制。重力对植物生长发育的影响主要涉及种子萌发，细胞分裂与伸长生长，细胞壁、花、果实与种子的发育等。通过比较微重力环境与地球重力环境下生长的植物就可以发现重力在植物生长发育中的作用。在空间微重力条件下种子的萌发没有受到明显的影响，但是，幼苗在地面上利用重力引导的定向生长，在空间发生了明显的改变。在地球重力条件下，水稻和拟南芥的幼苗茎叶与重力方向形成稳定的夹角和正确的空间定位，如下图（a)和（b）所示，而在微重力条件下，水稻和拟南芥幼苗茎叶生长方向呈随机性分布，而且随着时间不断发生变化，不能形成一个稳定一致的生长方向，很多时候叶片会叠在一起，如下图（c）和（d）所示，不能有效地利用光进行光合作用，因此，在空间中水稻和拟南芥幼苗的生长与发育也较在地面上明显迟缓。

微重力环境中植物的开花和结实

空间植物培养实验结果表明，在微重力环境中植物生长方式的改变不仅

地面　　　　　　　空间

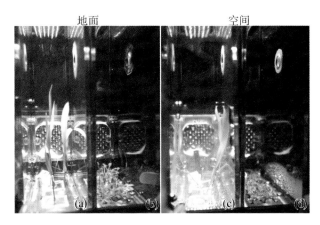

空间与地面生长的水稻和拟南芥幼苗生长情况
(a)、(c) 水稻；(b)、(d) 拟南芥

改变了其形态，同时也改变了其生殖生长过程，尤其是对植物开花的影响直接关系到植物物种的延续以及农作物的产量和质量。这一过程是空间生命保障系统的关键环节。目前，国内外大多数空间植物学实验都是 20 天以内的幼苗生长阶段或干种子空间搭载实验，在空间微重力环境中成功进行的植物生殖生长研究仍然十分有限，只有油菜、豌豆、小麦、水稻和拟南芥等少数几种植物在空间完成了从种子到种子的实验。在空间植物繁殖研究初期，一些影响植物生长发育的关键因素仍然不清楚，很多问题尚未找到解决办法，比如，在空间微重力条件下生长的植物往往表现为发育迟缓，或即使开花也有很多植株不能结实。

开花是种子形成的前提，在农业生产中掌握植物开花所需要的环境条件，对提高产量有重要意义。我国利用"实践八号""实践十号"返回式卫星，"天宫二号"空间实验室和空间站空间实验平台，进行了系列实验，研究空间植物开花的规律。2006 年 9 月，在我国"实践八号"卫星留轨舱中，对青菜的抽薹、开花和授粉情况进行了 21 天的实时观察和图像记录。2016 年 4 月，"实践十号"返回式卫星中的拟南芥和水稻生长与开花实验，也表明空间微重力环境中开花与授粉均不能正常进行，增加空气流通可能使其得到改善，但不能解决开花延迟的问题。2016 年，我国也首次在"天宫二号"空间实验室中完成了拟南芥从种子到种子的实验，并应用绿色荧光蛋白标记开花基因，观察长日与短日条件下开花基因的表达情况。结果显示，在空间微重力条件下植物的光周期反应发生了明显的改变，开花较地面对照延迟了 20 多天。2022 年 7 月至 12 月，在我国空间站中首次成功培养并利用冷冻保存技术成功返回拟南芥和水稻开花诱导期和种子成熟期的实验材料，与地面对照比对分析，获得了两类不同光周期开花植物响应微重力的天地比对转录组数据，为深入解析植物对长期空间微重力的适应性机理提供了新的分子生物学证据。

结语

空间微重力是研究重力对植物生长发育作用和植物向重性反应作用机制最有效的环境。我们的空间实验表明，微重力不仅影响植物的形态建成，而且严重影响植物的发育进程，尤其是开花和种子的发育。开花是植物结出新一代种子的前提，而农作物的种子既是粮食，也是繁殖下一代的载体。随着载人深空探测的发展深入，比如建立月球基地、登陆火星，都必须通过空间农作物的种植，真正解决人类长期空间探索的粮食保障问题。

我们团队利用空间实验发现微重力既影响拟南芥和水稻的形态，又影响其开花结籽；通过对空间返回的拟南芥和水稻样品进行比较分析，发现了空间微重力影响植物开花的关键基因；并且首次完成了水稻在空间从种子到种子全生命周期的培养实验，证明了水稻作为空间粮食作物进行生产的可能性。

未来十年，中国空间站将为科学家进行空间植物学研究提供先进的实验平台和宝贵的实验机会，包括空间植物学的研究将由模式植物转向粮食作物，由此，水稻作为理想的禾本科模式植物和重要的粮食作物，将成为空间植物学研究的主要实验材料；更多的植物将在空间中完成从种子到种子的全生命周期，甚至超过两代的多代空间培养实验；对空间微重力、粒子辐射和磁场变化对长期空间培养条件下植物遗传稳定性的影响，以及对月球低重力环境下植物的生长发育也将展开研究。

参考文献

［1］李莹辉,孙野青,郑慧琼,等.中国空间生命科学 40 年回顾与展望［J］.空间科学学报,2021,41(1):46－67.

［2］郑慧琼.空间飞行的植物生物学效应［M］//孙喜庆,姜世忠.空间医学与生物学研究.西安:第四军医大学出版社,2010:52－58.

［3］张岳,潘璟,孙卫宁,等.LED 光谱对模拟空间培养箱中植物生长发育的影响［J］.空间科学学报,2015,35(4):473－485.

［4］郑慧琼,王六发,陈爱地,等.烟草细胞的空间电融合［J］.科学通报,2003,48(13):1438－1441.

［5］郑慧琼,魏宁,陈爱地,等.空间飞行与回转器回旋条件下青菜花开花与花粉发育的研究［J］.空间科学学报,2008,28(1):80－86.

蚯蚓：隐秘而伟大的地下精灵

李雪萌　赵　琦

李雪萌，上海交通大学 2022 级生态学硕士，自进入土壤生态与蚯蚓生物技术研究课题组以来，积极开展蚯蚓技术修复污染农田土壤等相关研究；"蚓言"公众号的创办成员之一，发布原创科普文章 20 余篇。

赵琦，上海交通大学农业与生物学院资源与环境系副教授，上海生态学学会理事、上海市生态与自然教育专委会理事；一直以蚯蚓为核心，进行蚯蚓种质资源调查、土壤健康和有机废弃物资源化利用等方面的研究，先后主持和参与国家自然科学基金等国家级、省部级项目 20 余项，在《生物资源技术》（*Bioresource Technology*）等杂志发表文章 30 余篇，拥有多项发明与外观专利；作为主要负责人之一，于 2018 年主办第一届国际蚯蚓大会；"蚓言"公众号的创办成员之一，与极地学院合作，建立公民科学采样平台，并多次受超星名师讲坛、上海自然博物馆、上海人民广播电台等邀请开展科普讲座。

土壤是万物之本。明代著名医药学家李时珍认为"人乃地产"。人类95％的食物都来自土壤。最早提出"生态农业"的美国土壤学家阿尔布雷克特（Albrecht）也指出：缺乏有机物质、主要元素和微量矿物质的土壤是造成农作物歉收、动物和人类生病的原因。目前，全世界有1/3的人口与"隐性饥饿"相伴，就是由不均衡摄入或缺乏必要微量营养素导致的。我国也是目前世界上面临"隐性饥饿"严峻挑战的国家之一。

土壤动物是土壤健康的基石、土壤功能的引擎。它们几乎参与了所有重要的土壤生态过程，在有机质分解、养分循环、维持土壤结构和稳定等方面发挥着重要作用，默默支撑着地球生态系统的健康和可持续发展。在它们之中，蚯蚓尤为重要，占土壤动物群生物量的60％。它们通过吞吐和掘穴等行为加速有机物的分解，并能将表层的落叶和土壤混合到下层土壤中，增加植物营养物质的吸收。亚里士多德曾把蚯蚓形象地比喻为"地球肠道"。达尔文也曾评价蚯蚓是"在世界历史进程中起到无可替代的重要作用"的生灵。

陆生蚯蚓起源于古生代，可由于其貌过于不扬，因此一直没有被人们重视。事实上，蚯蚓对整个世界粮食生产的贡献率高达25％[1]，每年有超过1.4亿吨的粮食都来自蚯蚓的"耕作"[2]！但蚯蚓的重要性远不止于此，这个隐秘而伟大的地下精灵从方方面面守护着土壤健康和人类健康。

勤恳耕作的"朴实农夫"

蚯蚓以土壤为家，通过在土壤中进食并推动身体穿透压实的土壤来形成自己的洞穴。据统计，土壤不同深度的蚯蚓洞穴密度可高达 800 个/米^2。蚯蚓形成的洞穴不仅有助于增加土壤透气性和疏松度，还会帮助土壤形成良好的团粒结构，有效调控土壤水肥，影响土壤微生物和酶活性。从蚯蚓的生态类型来看，体型较小的表层种蚯蚓主要以地表腐烂的枯枝落叶为食，能够显著提高土壤中微团聚体的占比，而体型大的深层种和内层种蚯蚓能够促进土壤中大团聚体的产生。同时，土壤颗粒间和团聚体间的孔隙也会显著增加，使土壤的呼吸速率提高。可见，蚯蚓是维持土壤结构的主力军。

蚯蚓摄食和排泄的能量也十分惊人，对土壤中能量的再分配起关键作用。在热带稀树草原中，蚯蚓每年摄取食物的总能量高达 11 750 千焦/米^2，蚓粪可排出的能量为 10 700 千焦/米^2（蚯蚓种群密度为 20 条/米^2）。蚓粪还是提高土壤孔隙度的有效方法。从外观上看，蚓粪的粒径与优质土壤的团粒结构相吻合，其较高的孔隙度同样有助于形成和维持土壤结构。此外，蚓粪中还含有大量的氮、磷、钾等无机盐、腐殖酸、植物生长激素、有益微生物等，不仅可大大提升土壤肥力，还可以防治病虫害。

近年来，机械化耕作方式和过度耕作大大降低了土壤动物的数量，引发土壤板结、退化等问题。要想从根本上恢复土壤健康并使其可持续，保护蚯蚓这样勤恳耕作的"朴实农夫"，以自然的方式疏松土壤、维持养分循环才是正确选择。

蚓穴（赵琦摄）　　　　　　　蚓粪（蒋际宝摄）

默默无闻的"济世良医"

土壤是一个"活的生命体"，虽然具有强大的缓冲能力，但若长年经历高强度的耕作和破坏也会生病。目前，我国盐碱地总面积约 15 亿亩，耕地中残留 200 万吨地膜，耕地土壤重金属点位超标率为 19.4％，0～20 厘米表层土壤中抗生素的平均检出率竟高达 58％！被污染的土壤正在向我们"求救"。俗话说"上工治未病"。恰巧，一直生活在土壤中的蚯蚓早已形成一套独特的"医疗手法"，可帮助土壤防"未病"，并能在一定程度上治疗"疾病"。

蚯蚓活动强烈影响土壤特性，能够改变土壤微生物群落的结构和多样性。蚯蚓还有独特的肠道环境：中性 pH 值、厌氧、有高数量/高质量的底物和本地微生物群落，能够为污染物的降解提供最佳场所。蚯蚓体内还有强大的解毒酶系统，因此，在保护自身免于受胁迫环境条件下活性氧自由基造成的细胞结构损伤的同时，它可以为土壤有效解"毒"，如减少镉、铬等重金属污染，促进抗生素、农药等污染物降解等。我们之前的研究发现，上海农田土壤中的常见蚯蚓——威廉腔蚓（*Metaphire guillelmi*）就能使土壤中四环素的降解率提升 13.7%～29.0%，还能有效缩短四环素的半衰期，同时还提高了农田土壤中全氮、有效磷和全钾含量[3]。我们还发现，蚯蚓能够促进土壤中洛克沙肿的降解，增强土壤砷还原和甲基化功能[4]。在盐碱化农田土壤中，蚯蚓和真菌还能协同降低土壤 pH 值，减少土壤中以氮为消耗源的微生物甲基杆菌属（*Methylobacterium*）的数量，刺激土壤氮矿化，促进作物对氮的吸收[5]。微塑料和抗生素抗性基因（ARGs）是新型的农田土壤污染物，这也是全球性热点问题。蚯蚓作为农田"医者"，对它们带来的污染也有一定"疗效"。研究人员发现，蚯蚓不仅可以通过砂囊将大颗粒塑料磨碎为小颗粒，而且可以有效降解微塑料，因为它肠道内含有可以降解微塑料的细菌。蚯蚓还可以减少土壤中 ARGs 的宿主细菌，并通过改变微生物的共现模式，减少细菌的连通性，减缓 ARGs 的扩散。

然而，万事皆有度。必须要引起我们重视的是，作为医者，蚯蚓本身也在抵抗环境污染物对其造成的损伤，当污染物超过一定阈值时，蚯蚓的生命也会受到威胁。中国科学院院士朱永官曾多次在报告中指出，"土壤-植物-人群（动物）"连续体中的土壤健康是实现全球提倡的"全健康"的核心之一。而蚯蚓和其他土壤动物构成的土壤食物网又是土壤健康的基石，一旦它们受损，又有谁能来为我们的健康保驾护航？

变废为宝的"回收专员"

作为生态系统中重要的分解者，蚯蚓从不挑食。除了土壤，枯枝落叶、厨余垃圾、畜禽粪便等都能满足它们的味蕾。蚯蚓的吞吐能力很强大。它们每天能摄取相当于自身体重 1.0~1.7 倍的食物，并排出约 0.5 倍体重的蚓粪。蚓粪不是无情物，落入泥土更护花。由于营养物质含量丰富，且易于被植物吸收利用，蚓粪常被誉为"有机肥之王"。也正因此，蚯蚓又扮演起"废弃物回收专员"的角色。据统计，每年每亩土地的蚯蚓可消耗 400 吨有机废弃物，1 吨粪便可以养殖 60~70 千克蚯蚓，从而产出 300~500 千克蚯蚓粪肥。

正在处理牛粪的蚯蚓（赵琦摄）

蚯蚓这一才能终于在 20 世纪 70 年代被人们发现。1978 年，美国纽约州第一次举办了"污泥管理中土壤生物的利用"研讨会，重点讨论了蚯蚓对污水、污泥和生物固体的处理；英国紧随其后，从 1980 年开始研究使用蚯蚓处理各种动物粪便，如猪粪、牛粪等；1985 年，在意大利举行的国际蚯蚓生态学大会（ISEE 5）首次设置了蚯蚓和废物管理分论坛；1988 年，蚯蚓废弃物处理和环境管理研讨会在英国剑桥举办。之后，许多国家陆续开展了商业化蚯蚓堆肥项目的研究。

我国是农业生产大国，在满足 14 多亿人口粮食需求的同时，也产生了年产量超 40 亿吨的有机废弃物，主要包括农作物秸秆（20%）和畜禽粪便

（70％）[6]。尽管我国农作物秸秆综合利用率达 88.1％，畜禽粪便利用率达 78.3％，但个别地区有机废弃物的处置率仍然较低，与我国农业高质量发展的目标存在差距。因此，利用蚯蚓堆肥技术改善农业废弃物资源化处理现状，能更好地实现农业废弃物的多元化利用和无害化效果，促进营养元素循环。

天然健康的"药食同源"

看过电影《流浪地球》的观众对"地下城的人们将蚯蚓干作为馈赠佳品"的场景一定不陌生。这可不是导演的随意杜撰，而是有科学依据的。和我们日常认为的高蛋白食物相比，以干物质计，蚯蚓体内蛋白质含量为 54.6％～59.4％，约为大豆的 1.55 倍、鸡蛋的 5 倍。各种氨基酸的含量也远超我们熟知的鱼、干果和动物内脏。蚯蚓体内还富含多种维生素、矿物质和微量元素。只要在动物饲料中添加约 5％的蚯蚓干粉，就能明显促进畜禽生长，增强动物免疫力，提升肉蛋品质。我国蛋白源饲料严重缺乏，2022 年进口大豆量为 9 108 万吨，年进口价值 4 000 多亿元。将蚯蚓作为蛋白原料是解决我国蛋白依赖的有效途径之一。

药食同源，蚯蚓作为重要的传统中药材使用已超 2 300 年，很早就出现在我国的医书上。现存最早的中药学著作《神农本草经》中就提出地龙（部分蚯蚓）可以"清热定惊、通络、平喘、利尿"。但目前被《中华人民共和国药典》（2020 年版）认可为地龙的仅有 4 种蚯蚓的干燥体，分别为主要分布在江浙沪一带的 3 种沪地龙——栉盲远盲蚓（*Amynthas pectinifera*）、威廉腔蚓、通俗腔蚓（*Metaphire vulgaris*）以及分布在两广地区的 1 种广地龙——参状远盲蚓（*Amynthas aspergillum*）。地龙主要含有氨基酸、碱基、核苷、脂肪酸、多肽及蛋白质等物质，具有抗凝血、抗血栓、抗肿瘤、抗高血压、调节免疫、促进创面愈合等作用，临床常用于高热神昏、肺热咳喘、半身不遂等症的治疗，常以身痛逐瘀汤、补阳还五汤、脑心通胶囊等方剂形式用于治疗心脑血管疾病。除地龙外，其他蚯蚓的提取物也已经在临床上得到应用，如用于抑制血栓形成、减小脑梗死面积、改善脑缺血区供血的处方药蚓激酶，就是从人工养殖的赤子爱胜蚓（*Eisenia foetida*）中提取的。

参状远盲蚓（蒋际宝摄）

结语

截至目前，全球共有陆栖蚯蚓 6 000 余种，我们国家就有 706 种（大都保存于我们建设的蚯蚓标本馆中）。它们与环境健康、人类身体健康密切相关。然而，随着工业化、城市化的发展，包括蚯蚓在内的所有生物的生存区域不断被压缩，生存环境不断恶化。更有甚者，有些人为了牟利，不断上演电捕蚯蚓事件。我们在每年例行的蚯蚓调查中也痛心地发现，很多蚯蚓的身影已经不见了。覆巢之下，安有完卵？蚯蚓作为最重要的土壤动物之一，其多样性和数量的急剧减少会导致土壤质量持续下降，植物无法健康生长。为了获取足够的食物，农户不得不施用更多的化肥农药，这会进一步加剧对土壤的破坏，周而复始，成了一个近乎无解的死循环。任何一种现存生物与自然环境之间都是经过大自然亿万年的演化形成的平衡，最和谐，也最脆弱。若我们涸泽而渔，焚林而猎，长此以往，整个生态环境的平衡就会被打破，最终将影响人类的生存。

为保护我们的耕地，保护我们的农业，保护我们自己，"拯救蚯蚓"之路开启了。2022年，国家农业农村部、国家林业和草原局、国家市场监督管理总局等7个部门联合印发《关于加强野生蚯蚓保护　改善土壤生态环境的通知》。我们也与上海市长宁检察院、拼多多平台携手参与保护蚯蚓的"绿网计划"。2023年，中央一号文件《中共中央　国务院关于做好2023年全面推进乡村振兴重点工作的意见》中首次提出"严厉打击盗挖黑土、电捕蚯蚓等破坏土壤行为"。同年6月，国家林业和草原局也将利用强度大、资源消耗量高的4种蚯蚓列入《有重要生态、科学、社会价值的陆生野生动物名录》。

作为长期从事蚯蚓研究的科研人员，我们这20年来每年都会赴全国各地调查蚯蚓资源，目前我们的脚印已遍布近20个省市和自治区，于3 500多个样点获得10万余条标本。2019年，我们建立了全国唯一的蚯蚓标本馆，所有采集的标本均保存于此，为蚯蚓物种多样性的保护提供有力支持。同时，为了打破公众对蚯蚓的刻板印象，激发公众对蚯蚓、土壤动物以及生态环境的重视和保护意识，我们还于2022年创建了微信公众号——"蚓言"，并通过海上科普讲坛、超星名师讲坛、上海新闻广播电台、上海自然博物馆等平台开展相关的科普讲座。国内也有很多科研团队与我们一起致力于蚯蚓修复受污染土壤、蚯蚓资源化利用有机废弃物、蚯蚓药用价值开发等方面的研究，不断挖掘小小蚯蚓的巨大价值。当然，我们还希望更多的人参与到蚯蚓的相关研究或科普宣传中，如蚯蚓的产业化研究，以养代捕（用养殖的方式代替捕杀野生蚯蚓）等，这既可保证蚯蚓作为中药材的安全供应，又可保障其种群的健康发展。同时，让保护包括蚯蚓在内的生物的多样性成为公众意识。此外，进一步健全相关法律法规，如考虑制定《土壤动物保护法》，用法律规范行为，切实立法保护包括蚯蚓在内的重要生物。而对于我们普通民众，如果可以不伤害蚯蚓，甚至在雨后把迷路的蚯蚓放回到草丛里或者泥土上，那都是对蚯蚓和生态环境保护的善举。

蚯蚓是个隐秘而伟大的地下精灵，保护蚯蚓就是保护我们赖以生存的土地，保护我们的家园。尊重自然、顺应自然、保护自然方能守护人类的全健康！

参考文献

［1］van Groenigen J W, Lubbers I M, Vos H M J, et al. Earthworms increase plant production: a meta-analysis[J]. Scientific Reports, 2014,4:6365.

［2］Fonte S J, Hsieh M, Mueller N D. Earthworms contribute significantly to global food production[J]. Nature Communications, 2023,14:5713.

［3］Yin B Y, Zhang M R, Zeng Y X, et al. The changes of antioxidant system and intestinal bacteria in earthworms (*Metaphire guillelmi*) on the enhanced degradation of tetracycline[J]. Chemosphere, 2021,265:129097.

［4］Wu Y Z, Deng S G, Xu Y X, et al. Biotransformation of roxarsone by earthworms and subsequent risk of soil arsenic release: the role of gut bacteria[J]. Environment International, 2024,185:108517.

［5］张雯雯. 蚯蚓和菌根协同促进盐碱地玉米生长的作用机理[D]. 北京:中国农业大学,2019.

［6］Yan B J, Yan J J, Li Y X, et al. Spatial distribution of biogas potential, utilization ratio and development potential of biogas from agricultural waste in China[J]. Journal of Cleaner Production, 2021,292:126077.

从物联网到数联网：
大数据如何变废为宝

傅洛伊

傅洛伊，上海交通大学电子信息与电气工程学院计算机科学与工程系副教授，博士生导师；主要从事图网络启发的知识挖掘与知识发现方向的研究工作；曾获得 2022 年中国计算机学会青年科学家奖（CCF-IEEE CS Young Computer Scientist Award）、2021 年中国计算机学会科技成果奖自然科学一等奖（第一完成人）、2018 年国家优秀青年科学基金、2016 年计算机协会中国优秀博士论文等荣誉，获评 2019 年计算网络与通信领域全球十大女性新星学者（该奖项首位来自中国大陆的获奖者）、2021 年"唐仲英荣誉体系"仲英青年学者；出版《移动互联网导论》（第 3、4 版）教材；担任《电气与电子工程师协会/计算机协会网络学报》（IEEE/ACM Transactions on Networking）、《计算机协会传感器网络学报》（ACM Transactions on Sensor Networks）、《电气与电子工程师协会网络科学与工程学报》（IEEE Transactions on Network Science and Engineering）等期刊的编委；曾担任计算机协会计算机系统度量与建模国际会议（SIGMETRICS）、计算机协会移动网络与移动计算理论、算法基础与协议设计研讨会（MobiHoc）等多个国际会议的程序委员会委员。

自 21 世纪以来，"万物互联"的物联网中承载的数据量呈现巨幅增长。相较于物联网，高维数据之间彼此关联形成的"数联网"更能帮助我们深刻地发现和提取数字、网络乃至客观世界中存在的规律。但至今每年只有约 8.6 太兆字节的数据被存储、分析和利用，更多的数据被人们当作"数据废气"忽视并丢弃了。然而，这些"数据废气"中蕴含着丰富的信息。为了更充分、合理地挖掘数据在互联中产生的价值，一种新的知识度量体系被有效地设计出来，其规律在科学知识和主题的演进过程中被发现。

从物联网到数联网：万物互联向数字世界衍生

相信大家对"物联网"这个概念并不陌生。顾名思义，物联网就是把所有物品通过网络连接起来，实现任何物体、任何人、任何时间、任何地点的智能化识别、信息交换与管理。物联网的本质就是将信息技术基础设施融入物理基础设施（如铁路、桥梁、隧道、公路、建筑等）中，并且普遍连接，形成物物相连的网络，实现实时的、智慧的、动态的管理和控制。物联网的快速发展与普及已经催生出大量的现代化应用，在公共事务管理、公共社会服务以及经济发展建设三大方面发挥着不可或缺的重要作用。

回顾历史，我们经历了三次全球信息化的浪潮。第一次信息化浪潮出现在 1980 年前后，随着个人计算机开始普及，人们处理信息的能力快速增长；在 1995 年前后，互联网和移动通信网开始普及，信息传输更加便捷，人类迎来了第二次信息化浪潮；在 2010 年前后，物联网快速发展，信息的获取方式日益丰富，拉开了第三次信息化浪潮的大幕，这也意味着大数据时代的到来。

物联网会经历 4 个发展阶段：从无线射频识别（RFID）的广泛应用到物体互联，再到物联网的半智能化，最终进入全智能化阶段。如今，我们仍在努力实现物联网全面智能化的美好愿景。人们一直在思考，怎么样才能让物联网更加地智能化？实际上，数据是非常关键的入口。据统计，物联网每年产生的数据量高达 400 太兆字节。从可穿戴设备到智能家居设备，再到高端连接平台，各种产品都在生成大量数据。例如，一架飞行中的波音 787 飞机每小时可以产生 40 太字节（TB）的数据，力拓采矿业务每分钟产生的数据量可达 2.4 太字节（TB），是 X 平台（原推特）日产数据量的 20 余倍。由此可见，物联网不但为设备提供了物理连接，而且丰富了数据的供给。无论是数值总量还是增长速度，物联网中的数据量都早已远远超过设备量。因此，合理利用这些"大数据"就显得尤为重要。

数据为深度解析和理解物联网内容提供了依据。尽管物联网中承载的数据量巨幅增长，但可惜的是，绝大部分信息被人们忽视，没有被储存和分析。我们可以更好地利用这部分数据。这些数据因为其来源、功能等方面的不同，往往具备更高维度的属性信息，因而能粒度更细地反映和描绘物理世界当中的现象。我们将这些数据之间构成的网络称为"数联网"[1]。由于数联网中的海量数据具有高维属性，彼此联结形成的复杂图结构在刻画能力上远超此前的平面图，因此，数联网的结构形态更像是一种高维图。以设备赋能为基础，还能形成智慧连接的"智联网"[2]。

作为连接物理世界和人类社会的桥梁，实现人-机-物之间的知识传递是物联网向数联网进化的必由之路，是物联网智能化发展的关键。通过数据终端感知群智采集技术，可以实现从物理世界向数字世界的进化；数据的关联构建与知识的提取度量，则是从数字世界向精神世界进阶的重要环节。那么，数据如何在互联中产生价值呢？

知识度量：让数据在互联中产生价值

知识度量回答的就是数据在互联中如何产生价值的问题。为了便于分析，我们从一种特殊的数联网入手，即由论文组成的数联网，我们把它称为"论文数联网"（IOP）。正如20亿人相连可以形成Facebook这样的社交网络、10亿台计算机连接形成了互联网、1000亿台设备相连形成物联网，学术可视化搜索系统爱思美谱（Acemap）[3] 中的2亿篇文章相连，就形成了IOP这样一个特殊的数联网。

IOP意味着学术大数据的飞速增长。在学术文献骤增的背景下，我们人类，尤其是科研人员，面临着获取知识的能力有限与信息生成速度过快之间日益突出的矛盾。因此，当今的研究人员在面对茫茫的文献"大海"时，往往会陷入阅读疲劳的困境。在这种背景下，我们可以提出一个等价的问题：是否能够从科学生产力中解耦出知识量？

事实上，存在许多相关的量化指标，例如H指数（H-index）、G指数（G-index）、影响因子等。这些指标都从不同的维度出发，站在科学生产力的角度筛选出具有影响力的文献。但是，这些指标其实仅仅是基于引用量的统计指标，侧重于描绘影响力。影响力通常有局部性，只受直接引用的影响，不足以反映知识如何在不同文章之间传承；然而知识是全局性的，引文网络的任何变化都可能对知识产生影响。因此，影响力无法反映论文在引文网络中所处位置的重要性。

尽管知识度量相当重要，在计算机科学史中，关于知识的定义，特别是知识的量化，仍然是一个空白。著名的哲学家柏拉图曾经在几千年前提出了JTB理论。简而言之，他认为知识有 3 个特点：可辩护的（justified）、真（true）、信念（belief）。另一位哲学家格蒂尔随后曾对此提出过质疑，但自此以后，就再也没有对知识的哲学化定义了。

然而，这并不妨碍后来的科研人员不断进行知识度量方面的研究。实际上，已经有大量的研究结果表明，知识存在结构，并且网络在解释知识方面具有重要作用。考虑到学术数据中存在大量的引用关联关系，我们把这些关系建模到一个学术引文网络中，在这个结构化空间里去寻找知识。巧合的是，在引文网络中确实可以看到知识的迹象。首先，一篇论文的后续引用可以反映该论文的广泛受认可程度，即网络中的相对真理，类似于柏拉图认识论中的"知识的相对性"。其次，论文的参考文献可以反映论文来源是否可靠、是否合理。因此，知识可以被表达为论文及其所依赖的结构，也就是说，知识的意义就体现在学术网络的关联关系当中。我们无法判断不属于结构的知识，正如同我们无法判断拓扑网络之外的节点一样。

KQI：一种知识的量化指标

知识是以信息为基础的，而对于信息的量化已经有一些相当成熟的理论，比如非常经典的香农信息熵，以及 2016 年北京航空航天大学的李昂生教授提出的结构熵[4] 等。因此，信息论可以作为知识量化的线索。在物理学当中，熵是测量无序程度的指标；香农熵度量了离散概率分布的混乱度，而结构熵度量了将离散概率分布组织成结构化网络后的混乱度。这两者恰好对应着知识将无序数据组织成有序数据的过程。因此，计算这两种熵的差值，就可以体现知识在其中发挥的作用。我们可以将其定义为知识的量化指标，即 KQI（knowledge quantity index）[5]。例如，在论文评估体系中，香农熵依据各篇文章的参考文献数量和引用量进行计算，而结构熵的计算考虑了整个引文网络的结构。

香农熵、结构熵与知识的关系如下图所示。虽然我们不知道有多少未知信息存在，但我们知道已知信息有多少。通过发现的过程来扩展视野当中的信息（香农熵），通过学习的过程来结构化信息形成知识（KQI）。因此，KQI反映了知识被量化的程度。

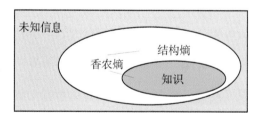

熵与知识的关系，香农熵是结构熵和知识的和

接下来的问题是 KQI 可以用来干什么，以及 KQI 可以用来揭示什么。为了探索这些问题，我们在 Acemap 学术数据库中约 2 亿篇学术文献的基础上进行实验。结果表明，从 1970 年到 2020 年，对大多数学科而言，与文献数量的爆发式增长相比，知识通常随时间呈现线性增加。这表明知

识增加的速度与科学生产力之间存在脱节，并且这种趋势至今没有减弱。不同领域的学术网络结构的差异也会导致知识量呈现差异。实验结果还显示，不同领域的知识量排名与科学生产力的排名并不完全一致，即两者并不等价。我们在经典的巴拉巴西-阿尔伯特无标度网络模型（BA 模型）下进行了理论分析，证明了文献数量的多项式增加只能带来知识的线性增加。至此我们得到了两者之间的量化关系。

有人说，21 世纪是生命科学的世纪。有趣的是，通过对文献数据进行 KQI 探索，我们发现在这一时期，生物学和医学领域的 KQI 确实呈现加速增长的趋势，但这些领域的论文数量并没有异常增加。材料、工程等领域也存在类似的现象。为了解释这些现象，我们借鉴经典渗流理论当中网络级联故障的临界效应，得出了知识爆发增长的临界点。临界点意味着知识之间建立了充分的关联，从而促进了知识的蓬勃发展。具体来说，从一些活跃的知识开始，一定数量活跃知识的共同启发可以激活一个不活跃的知识，最终使几乎所有的知识都可以被激活。不同的领域具有不同的阈值 a，说明从一篇论文迁移到另一篇论文的难度是不一样的。我们发现，基于前人工作不断深挖的领域不容易达到临界值，而开创性工作的领域则恰恰相反。对此，一种合理的解释是，外界对深挖领域的工作难以全面理解，所以知识爆点的阈值 a 较高。对每一个领域来说，随着科学生产力的提升，只要知识量达到这一知识爆点阈值，就都会发生质的转变。对知识爆发临界的证明表明，临界点意味着知识之间建立了充分的关联，以至于蓬勃发展。

通过 KQI，我们还可以发现一些现象。帕累托法则，也称为"二八定律"，指的是最富有的 20％人口拥有大约 80％的财富。我们发现，知识中也存在类似的二八定律，即 17％的科学文献可以容纳一个领域里 83％的知识量，而 83％ 的文献只容纳 17％ 的知识量。与贫富差距不同，知识领域中的二八定律反映了顶尖论文和普通论文之间的辩证关系。一方面，没有普通论文的积累就不会有顶尖论文的出现；另一方面，普通论文过多又会淹没顶尖论文。这一规律意味着，只需研究少量论文，就可以获得其学术网络中绝大多数的知识。然而，我们必须注意，不能忽视剩余 83％ 的文献的价值，因为 KQI 低并不意味着文献一文不值，只不过它可以被 KQI 高的文献概括。受此启发，我们提出了知识脉络的概念，也就是通过 KQI，用最少的论文来涵盖大部分知识，以代表学科的发展。这可以帮助年轻的研究人员决定阅读哪些文章，帮助跨学科工作者快速掌握新学科的概况，以及帮助我们建立知识体系、撰写文献综述等。

KQI 的应用：知识评估与度量

KQI 还可以用来反映各个学科在不同时期的知识含金量的变化。以计算机学科为例，下图展示了该领域 KQI 排名前五的论文的 KQI 走势及相对引用量的变化。实线代表 KQI，虚线代表引用量。这五篇论文在计算机学科中都很有影响力。我们可以观察到，论文的 KQI 随研究热点的转移不断变化。例如，与神经网络相关的研究起始于 20 世纪 80 年代，但在 1995 年左右，由于支持向量机算法的出现，这一研究进入了冬天；近年来，随着深度学习的兴起，这一领域再次蓬勃发展。这种变化在 KQI 上表现得非常明显，但在引用量这一指标上并没有得到反映。

此外，KQI 还能够找到那些引用量不高但具有价值的论文，同时也能过滤掉那些引用量很高但是知识量不大的论文。如"如何评价文献：KQI 与引

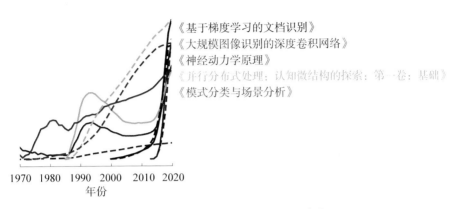

《基于梯度学习的文档识别》
《大规模图像识别的深度卷积网络》
《神经动力学原理》
《并行分布式处理：认知微结构的探索：第一卷：基础》
《模式分类与场景分析》

计算机学科论文的 KQI 与引用量的变化

用量"一图所示，橙色格子代表引用量和 KQI 一致，绿色格子代表两者不一致。引用量的高低与论文的价值（"√"或"×"）并不完全一致，而 KQI 更能反映一篇论文的价值。即使一篇论文的被引频次不高，但如果它产生了一定的影响力，也能间接说明这篇论文的价值。此外，当图结构发生变化时，即使引用量不变，论文的 KQI 也会随之变化。受最新研究热点的影响，KQI 的值会有增有减，这样会更真实地反映一个领域的知识随时间的变化。KQI 与柏拉图 JTB 理论也是相对应的：一篇论文的正确性可以通过引用量来反映，看它是否被广泛认可；而合理性则通过论文的参考文献来反映，看它是否基

	高引用量	低引用量
高 KQI	√	√
低 KQI	×	×

如何评价文献：KQI 与引用量

于一些被认可的论文。KQI 同时反映了论文的正确性和合理性。

由于熵的可加性，我们也可以按照作者对论文进行 KQI 的聚合，以度量作者的 KQI。以图灵奖和诺贝尔奖为例，计算机领域 KQI 排名前 50 名的作者中有 1/3 都是图灵奖获得者，而 KQI 排名前 10 000 的作者包含了现有数据中共 74 个图灵奖获得者中的 71 位，以及 86 位诺贝尔经济学奖获得者中的 85 位。仅有几名作者未被收录，有的并非因为论文获奖，还有一些被归类到数学领域。另外，约翰·冯·诺依曼奖、麦克阿瑟奖、兰切斯特奖，以及信息检索之父、信息理论之父等荣誉获得者，在 KQI 度量中都名列前茅。同时，我们还对机构和国家做了 KQI 排名。我们发现，美国在文献数量和 KQI 方面都远远超过其他国家。如今，中国的文献总量达到美国的一半，但 KQI 尚有差距。这也说明近年来呼吁中国科研从数量向质量转变的声音是正确的。

由于 KQI 广泛适用于国家、机构、作者、论文等不同粒度对象的度量，我们也可以对它们进行交叉比较。我们可以发现，厉害的国家通常有更多的机构，也与学者的质量、论文的数量和质量相关；厉害的机构通常有更多更厉害的学者和论文；厉害的学者通常有更具影响力的论文。这也暗示了 KQI 在消除唯论文数量和打破内卷现象方面是具有潜力的。

愿景：从万物互联迈向"万命互联"

实际上，还有一个更大胆的设想，即从物联网到"命联网"，达到"万命互联"的境界。我们已经认识到，万物互联消除了信息的不平等；而进一步的"万命互联"有助于破解生命的密码，探寻生命的奥秘。人类社会经历了农业时代、工业时代，正在从信息时代向生命时代变迁。在物质相对富足的情况下，健康、长寿、美丽和幸福将会被放在第一位。幸福和美丽不易量化，而健康和长寿是可以衡量的。"只有可以衡量的东西，才能被管理。"因此，健康和长寿是可以管理和改善的人类共同目标，而基因则是生命的根本。

在健康和长寿管理中，检测和预防起着重要作用。如果我们能提高病因明确的重大疾病（如唐氏综合征、耳聋、宫颈癌、肠癌等）筛查的检测通量，降低检测价格，就能及早实现重大高发性疾病早筛的全面覆盖。只有早筛查、早发现，将生命健康的重心从"精准治疗"前移到"精准预防"，才能实现精准健康，显著提升人均期待寿命，大幅降低社会卫生总负担。

不同物种之间基因的比对可以阐释物种之间的相似性。例如，人类与猪的基因相似度高达95％，人类与果蝇的基因相似度也有60％。因此，从"命联网"的角度来看，或者说从以基因为节点的网络视角来看，它们之间实际上存在关联性，它们都是"命联网"的一部分。

其实，"万命互联"这个概念早在19世纪就被德国著名的博物学家洪堡（Humboldt）提出。他当时提出了"生命之网"的概念，也就是说将世界看作一个有机的整体的自然观。他曾经说过："一切事物都相互作用，有往必有还。"所以，"万命互联"也是生命之网的终极意义。这也启示我们以联系的观点看待问题，将人与自然视为一个有机整体，才有助于推动人类文明不断向前发展。

结语

在现实网络中，信息来源于数据，知识能创造智慧。随着网络、大数据和人工智能技术的不断发展，从物联网到数联网再到智联网，网络的形态与功能也在不断地丰富和完善。在这个过程中，数据、信息、知识和智慧四者不是相互独立的，而是可以被有机地统一起来，层层递进，形成自下而上贯通的"数据-信息-知识-智慧"系统，为物联网智能化提供重要的理论技术保障。为了进一步推进网络强国建设，促进当代网络技术乃至生产生活方式的变革，我们还需要进行更深入、更完善的探索与研究。

精彩问答 Q&A

Q：网页排名（PageRank）算法也考虑了图结构的信息。那和 PageRank 相比，KQI 有哪些优势呢？

- KQI 的可解释性更强。不同于 PageRank 的信息流平衡状态，KQI 是由信息熵和结构熵之差表征的，反映了知识量的内涵。

- 从公式上看，PageRank 可以被视作 KQI 的子集。

- KQI 算法复杂度更低。PageRank 的复杂度依赖于达到收敛时迭代的次数，而 KQI 只需遍历一次图，然后以常数级复杂度计算每个节点的 KQI。

- KQI 具备可加性。由于 KQI 继承了熵的可加性，因此可以方便地按任意方式组合，而 PageRank 不具备这方面的意义。

参考文献

［1］黄罡. 数联网：数字空间基础设施［J］. 中国计算机学会通讯，2021，17（12）：58－60.

［2］徐文渊.智联网传感器安全综述：机理、攻击和防护［J］.中国计算机学会通讯，2021，17（4）：30-35.

［3］Tan Z W, Liu C F, Mao Y N, et al. AceMap: a novel approach towards displaying relationship among academic literatures［C］//The 25th International Conference Companion on World Wide Web. Montréal: 2016.

［4］李昂生.结构信息度量［J］.中国计算机学会通讯，2018，14（9）：24-30.

［5］Wang X B, Kang H Q, Fu L Y, et al. Quantifying knowledge from the perspective of information structurization［J］. PLOS ONE, 2023, 18（1）：e0279314.